機械学習
トレーニングデータがわかる本

吉崎哲郎 著

Ohmsha

本書に掲載されている商品名等は、一般に各社の商標または登録商標です。

本書を発行するにあたって、内容に誤りのないようできる限りの注意を払いましたが、本書の内容を適用した結果生じたこと、また、適用できなかった結果について、著者、出版社とも一切の責任を負いませんのでご了承ください。

はじめに

　本書では、機械学習やディープラーニングに用いられるトレーニングデータにフォーカスを当てていきます。準備の仕方、必要とされるさまざまな属性情報、データの種類、高い品質のデータとは？　を説明していきたいと思います。

　機械学習、ディープラーニングやトレーニングデータに関する理解を深めていくとき、書籍や論文、YouTubeなどで公開されている動画などに触れていくことになると思います。日本語に精通している多くの方々は、日本語のコンテンツや論文にアクセスすることが多いことでしょう。機械学習や人工知能（AI - Artificial Intelligence）について学ぶ場合、機械学習関係や教育機関の努力により多くのコンテンツが用意されています。

　最新の情報であったり、アルゴリズムを詳細に解説する動画などは、圧倒的にアメリカ発のコンテンツが多い現状です（近年ではアメリカ発でも中国人の発表も非常に多い）。本書では、極力日本語だけでなく、多くの機械学習に関わる用語については、英語も合わせて使っていこうと思います。

　近年、我々の周りでもAIを活用した多くのテクノロジーが実現され、より身近に感じられることが多くなってきています。普段から利用しているスマートフォンでも「Hey Siri」や「OK, Google」から始まる音声情報からスマートフォンが認識を開始し、求められている情報を提供したり、店舗のショッピングや飲食店での支払いも、QRコードを認識して、支払いを完了させるQRコード決済も一例でしょう。

　女性の方も化粧品を購入したり、美容院の予約をしたり、手続きや問い合わせもスマートフォン経由ですることが多いでしょう。日時の指定や問い合わせ内容も、日常会話のような音声入力や、LINE上でのやり取りのようなテキスト入力でも、きちんと認識され問い合わせや予約などを完了できます。

それまでのその人との対話での学習内容から、嗜好や尋ねた時間などをもとに、さらに食べに行ける範囲から「ごはんのお店」を探す

　ニュース記事などでAIの発達によって、コンピュータや機械に取って変わられる可能性が高い仕事、AIが発達してもなくならない仕事などが取り上げられます。オックスフォード大学の調査結果では、AIに取って代わられる可能性が高い職種は以下のとおりです。

・AIに置き換わる可能性が高い職種
　一般事務員、銀行員、スーパー・コンビニなどの店員、電車やタクシーなどの運転手、建設作業員や工場勤務者

・置き換えが難しい職種
　営業職、データサイエンティスト、介護職、カウンセラー、コンサルティング

などです。
　無くなる置き換えられるという観点だけでなく、労働人材不足と高齢化をAIの有効活用によって、環境を克服しようとする動きも多くなっています。
　DX（デジタルトランスフォーメーション）によるデータ活用も、推進するのは経営陣やIT部門、データサイエンティストでなく、コロナ禍による環境の変化が一番変革に寄与していると揶揄されることもありました。
　こうしてみるとAI、機械学習が最近のテクノロジーであるように感じられます。1950年代くらいからAIと呼ばれる概念が確立し始め、これまでも、注目を集め

たり、若干衰退を繰り返してきている技術領域です。新しいテクノロジーのように感じられるものの、実はすでに70年の歴史を超えているのです。なぜ近年、再度注目され、現実の世界で使われるようになってきたのでしょうか？

これまでAIは発展と衰退を繰り返してきた分野です。細かい歴史に触れることはしませんが、近年の再注目の背景にはビックデータを扱えるほどのクラウドを含めたストレージが発達。CPUの高速化。描画エンジンとして使われていたGPUが、AI目的で利用されるようになったこと。機械学習のための大容量トレーニングデータを扱えるようになり、ディープラーニングの発達によって膨大なデータを分類できるようになったためだと思います。

機械学習、ディープラーニングにおけるトレーニングデータとは何かを考えてみましょう。トレーニングデータとは、機械学習やディープラーニングのアルゴリズムやモデルを作成するときに利用されるデータのことを言います。トレーニングデータは、人間が正解を判断し、ラベリングと呼ばれる正解分類や属性情報を必要なデータに対して与えてあげることを意味します。

よく機械学習で言われる言葉にgarbage in, garbage out（ガベージイン、ガベージアウト）があります、ゴミを入れてもゴミしか出てこないという意味です。機械学習に置き換えると、ひどいトレーニングデータを与えても、ひどい結果しか生まれないわけです。言い替えるといい学習データを与えてやるといい結果、精度の高い結果が生み出せると解釈できます。

ディープラーニングなどが注目される一方で、多くの人はブラックボックスのモデルに、少しの正解パターンや世の中で言われるビックデータを放り込んであげれば、魔法のようになんでもやってくれるのではないか？　多くの企業が素晴らしいソリューションを開発しているのですがデータを入れさえすれば、人間の判断にも劣らない判定結果が得られるのではないか、といった過大評価も多くみられます。もちろんある条件下ではすでに実現されていたり、近いソリューションも多く出てきています。このあたりのニュアンスの違いは、後の説明でみていくことにしましょう。

AIに関わる開発サイクルのことを、AIライフサイクルと呼ぶこともあります。**AI開発の80％の労力はデータ管理にある**と言われ、ライフサイクルは4つのサイクルの繰り返しから成り立っています。[図0-1]。

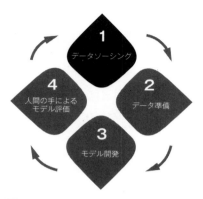

図0-1　AIライフサイクル

1　データソーシング

　音声・テキスト・画像・動画などのデータを作ったり、購入したりして、データソーシングするフェーズ。

2　データ準備

　これらのデータに対して、必要なデータ属性を付加（データアノテーション）し、データが何であるかという正解属性を与えてあげる（ラベリング）ことで、トレーニングデータを高品質に仕上げ準備すること。

3　モデル開発

　準備されたトレーニングデータを使い、必要な機械学習のモデルやアルゴリズムを使い、適用。

4　人間の手によるモデル評価

　トレーニングデータやテストデータで評価したモデルを現実社会で利用した際に、どのような結果になるのかを人間の手で評価し、フィードバック。

　ここでサイクルという言葉を使っているように、4つのフェーズを一通り行えば、必ず精度の高い、機械学習のモデルが完成するというわけではありません。これらの4つのサイクルきちんと踏襲していき、機械学習のプロジェクト成功率

を初期の段階から高め、繰り返していくことが必要です。そうすることで、モデルの精度を高め、現実世界の中でプロジェクト成功確度が向上します。

　それだけ必要な音声・テキスト・画像・動画などのデータを準備し、一定水準の数を用意し、適切なデータに仕上げていくことがプロジェクト成功のための鍵となります。

2023年4月

吉崎　哲郎

Contents

第4章　各種トレーニングデータ

第5章　データアノテーション

第 **1** 章
機械学習とトレーニングデータ

まず始めに、多種ある機械学習分野での用語の整理を行います。

- **機械学習** - Machine Learning
- **ディープラーニング（深層学習）** - Deep Learning
- **人工知能** - AI（Artificial Intelligence）

上に代表的な3つの用語を並べてみました。英語話者は純粋に3つの用語を覚えればいいだけなのに、日本人などはいろいろなバリエーションを耳にしたり、覚えたりしなければならず、重荷です。[図1-1]

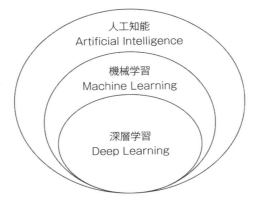

図1-1　AI・機械学習・ディープラーニングの分類

機械学習は略語でMLと書かれたり、ディープラーニングはDLと書かれたり、ML／DLのような略語を見かけます。

機械学習とは、文字通りに機械に学習させると捉えたとき、機械に学習させる

意味です。機械をコンピュータに置き換えると、コンピュータにデータを与え、学習させると考えられます。学習結果の傾向に基づき、ある判定ができるようになることです。

　機械学習には、

・正解、不正解のパターンなど、イエスかノーのような2値の判定（画像から不良品を抜き出すなど）をするもの
・動物の写真から、これは「犬」、「猫」、「とら」のように分類分けをするもの

など、いくつかの種類があります。

「NEKO」に分類したが本当は「とら」ということがないように学習

・機械学習のフェーズ

　機械学習では、まず学習というフェーズと学習結果が正しいかを評価するフェーズの準備段階があり、そして結果が正しい（精度が十分に高い）と判断された場合は、学習結果を用いて、未知のデータに対して、判定するフェーズに分かれます。

・機械学習、ディープラーニングは、AIの分類のひとつ

　AIは、人工知能と日本語で訳されます。人間は脳で判断し、判定や行動を決

めたりしますが、コンピュータでは入力されるデータを分析し判断したり、最適解を見つけることで、人間の能力と同等かそれ以上のようなことを、コンピュータにしてもらう技術を指します。実はAIまたは人工知能のひとつの方法が機械学習で、後に説明するディープラーニングも機械学習に並ぶ、ひとつの方法のことを指しています。機械学習もディープラーニングもAIのひとつに分類されると考えるとわかりやすいかもしれません。

1.1　ディープラーニングに進化する過程

　ディープラーニングは、日本語で**深層学習**と呼ばれるように、層（Layer）という漢字が採用されているのも素晴らしいと思います。実際に層の構造を使って深く、多層に学習（ラーニング）していくように、文字通り深層学習なのです。人間の脳の中で行われている、知識や思考と同じような仕組みをコンピュータで再現しようとしたものです。

　脳の中には、ニューロンと呼ばれる神経細胞があり大脳には約160億個、小脳には約690億個、脳全体では約860億個あると言われます。神経細胞がシナプスと呼ばれる神経繊維で接続され、シナプスを介して電気信号で情報のやり取りする神経ネットワークを形成。人間の脳で行われる記憶（一時記憶や長期記憶）、思考、推論、判定などの一連の処理を置き換えています。同様のニューロンを模したネットワークで構築し、層構造に処理を進め、学習と判定するものがディープラーニングです。

1.1.1　パーセプトロン

　ディープラーニングがディープになる前の初期には、**パーセプトロン**と呼ばれるシンプルな**ニューラルネットワーク**があります。1957年にフランク・ローゼンブラットが考案したモデルで、入力と出力の1層のみ（出力段を除き、計算段が1層のみ）で構成され、入力と出力は0か1の値です。

　入力の値から出力を0か1か変換するため、入力値と合わせてバイアス値がもうひとつ入力される。ニューラルネットワークの脳でいう**シナプスネットワーク**の線の部分では、重みという入力値に掛け合わせる0.3や0.7のような係数を掛け合わせるという処理が、ネットワークの線上で行われます。

　この場合は1層だけなので、中間層という処理がありません。入力とバイアスの値から重み係数が掛けられ、出力値が**ニューロン**（ニューラルネットワークではノードと呼ばれ、◯で表記されることが多い）に計算結果の出力の値が代入されます。パーセプトロンでは、入力と出力のみで、0,1で表現し、内部処理は機械学習のひとつのアルゴリズムである、**ロジスティック回帰**と同じ処理を実行しています。［図1-2］

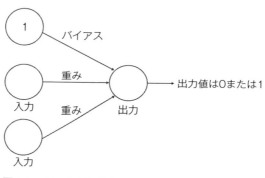

図1-2　パーセプトロン

　シンプルなパーセプトロンのモデルを使うことにより、半導体や電気回路で使われる、論理回路のANDゲートやORゲート、NANDゲートなどの処理と同じように扱えます。同じ構造のパーセプトロンをバイアスの値と重みの係数を変更するだけで出力の値をコントロールできるという考え方は、ディープラーニングの根本的な考え方です。

1.1.2　パーセプトロンからディープラーニングへ

　パーセプトロンののち1985年に入力層、中間層、出力層からなる**ボルツマンマシン**というパーセプトロンのニューラルネットワークが登場しました。**単純パーセプトロン**と層が増えたボルツマンマシンは、入力と出力が0,1で表現され、バイアス値と重みの係数で計算されるものです。その後、入力層の後に中間層と呼ばれる、いくつかの計算処理を実行する層が多段構造に増えたものを多層パーセプトロン、入出力に0,1でなく小数を含む実数を使うようになったものを**シグモ**

イドニューロンと呼びます。中間層が何層にも増えたものをディープラーニングと呼ぶようになっています。[図1-3]

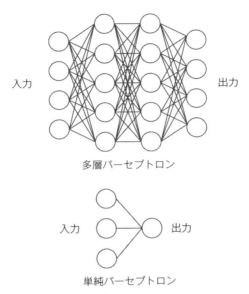

図1-3 単純パーセプトロンと
ディープラーニング（**多層パーセプトロン**）

　単純パーセプトロンがロジスティック回帰と同じだと説明しました。ロジスティック回帰というのは、機械学習の予測モデルの代表的なものです。パーセプトロンのモデルでは、線形分離可能な問題を有限回数の反復によって解けるものの、線形非分離な問題には向かないことが指摘されていました。

　また、この問題は、ニューラルネットワークを多層化することで解決することが古くから分かっていましたが、多層化することによって各ノードから出力への誤差を解消できない問題もありました。

1.1.3　バックプロパゲーション

　1986年に**バックプロパゲーション**（**誤差逆伝播法**）と命名される手法が確立され、問題を解消することに大きな革新がおこり、ディープラーニング進化へと進

んでいきます。

　バックプロパゲーションはまず、期待される出力値と、ネットワークから出力される値の差を求める。誤差を出力段側から0になるよう、前段の重み係数の値を出力側から順に調整していくことが、バックプロパゲーション（誤差逆伝播法）です。通常入力側からの演算により、本来望まれる値とは異なる値が次の層に受け渡されることで、誤差は徐々に後段の層へと伝播し、誤差が大きくなっていきます。逆伝播法と呼ぶのは、伝播して大きくなっていった誤差を順次最小化するように、出力から逆向きにさかのぼって、調整していくことからこの名が付いています。［図1-4］

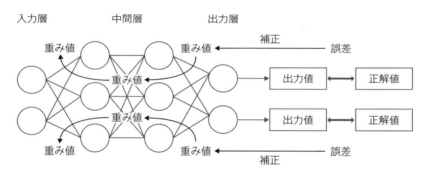

図1-4　バックプロパゲーション-誤差逆伝播法

・重み係数の調整が学習といえる

　重み係数の調整は、トレーニングデータによる学習で誤差を最小化していくことで、モデルが高い精度による判定や分類ができるように成長していくことこそが、ディープラーニングのラーニングたる所以です。

1.2　ディープラーニングはブラックボックス

　ディープラーニングはよくブラックボックスと言われ［図1-5］、機械学習はルールベースと言われることがあります。ディープラーニングでは、出力になぜその値がアウトプットされたのか、なぜその数値になったのかという過程はわか

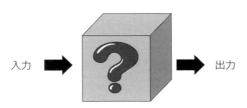

図1-5 ブラックボックス

らないことが多いと言われます。

　猫を判定するディープラーニングモデルの途中で、特徴点を捉えるフィルターがなぜそのフィルターになったのか？　機械翻訳のモデルで、なぜその単語を選択したのか？　といったものは説明がつかないことも多くあります。機械学習は、ルールベースと言われるように、それぞれの種類に明確なアルゴリズムや数式があり、どのようにして出力結果を出しているかは説明可能です。

　判定の種類や向き不向きによって、機械学習が適しているもの、ディープラーニングが向いているものの適材適所があるため、使い分けがされています。

1.3　機械学習の種類

　機械学習は、**トレーニングデータ（教師データ）**によって、大きく3つに分類されます。[図1-6]

　教師あり学習（Supervised Learning）は、文字通り機械学習のモデルが学習するための学習用トレーニングデータによる学習です。よく機械学習のプログラミングの題材に使われる、フルーツを分類するものなどがこれに当たります。オレンジ、りんご、レモンなどといった分類です。果物のサイズ、色、重さなどのデータをもとに学習します。未知のデータから、どの果物なのかを分類するものが該当します。

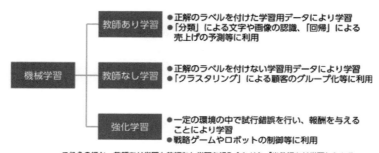

図1-6　機械学習の種類（総務省情報通信白書令和元年版より）

　教師なし学習（Unsupervised Learning）は、グループ分けや情報の要約など
です。大量の入力データから、画像の場合であれば大きさ、色、形状などからグ
ループ分けされます。正解データとしてのラベル付けされたデータが入力される
わけではないので、これは動物、これは鳥などのように、色や形状などをもとに
した分類です。

　強化学習（Reinforcement Learning）は、何かの目的を達成するための効果を
最大化するために、コンピュータが学習を継続的に続けていきます。最適化を継
続的に行うためにある選択をし、報酬を受けたり、ペナルティを払ったりするこ
とで、報酬の最大化やペナルティの最小化を目指す手法が強化学習です。将棋、
囲碁、チェスのようなゲームのアルゴリズムや、ロボットの二足歩行の学習など
です。

　機械学習では、統計学の理論が用いられることも多く、統計的機械学習と呼ば
れたりします。教師あり学習では、統計学の理論のうち、**回帰**（Regression）と
分類（Classificaiton）に分類され、教師なし学習に用いられるクラスタリングも
同じく統計学の手法です。

　回帰（Regression）は、これまでの実績や既知のデータをもとにデータをプロ
ットし、プロットの分布から、データの関係性がわかる関数を見つけることで
す。売上予測や需要予測、クレジットカードの不正利用を検知するなどに用いら
れます。

　分類（Classification）は、正解データ（教師データ）として正解ラベルが付け
られたトレーニングデータをもとに学習し、たとえば、犬と付けられた画像を大

量に学習することで、未知の写真を判定する場合、これは犬、これは犬以外といった分類検出ができるようになります。製造工場の製品データから不良品を検出するといったことも該当します。

教師なし学習は、データのグループ分けや情報を要約します。代表的な手法はクラスタリングです。

クラスタリングは、ある特徴から同じ種類の集合をグループ分けしていく手法です。Amazonなどのeコマースサイトで、顧客の購買行動を分析し分類します。NetflixやHulu、Amazonプライムなどで、「ユーザーがどのような作品を見て、高評価とするか」「同じ作品を見るユーザーが他にどのような作品を視聴するか」など、ユーザーの傾向、年齢、性別などの情報からユーザーをクラスタリングしますが、この結果を同一クラスに所属するユーザーに対してオススメの作品をレコメンドするのもクラスタリングに該当します。

分類は、教師データを用いた目的変数であるため、教師データで与えられたラベリングのみで分類することが可能です。一方、クラスタリングは教師データが与えられないため、グループ分けの数は指定する必要があります。与えられた数に色、サイズなどの情報から、データを複数のグループに分けていくのが違いです。

クラスタリングには**次元圧縮**（Dimensionality Reduction）という手法もあります。次元圧縮というのは、文字通り多次元の情報を少ない次元のデータで、情報の意味を保ったまま、少ない次元のデータで表現することの意味です。

よく次元圧縮を説明する際に、グラフの表示が現されたり、x, y, zの3軸のグラフなどが登場してきたりします。ここから考えると、元々文系の私などは、3次元くらいまではいいけど、4次元以降は無理じゃない、みたいに捉えてしまいがちです。

次元というのはn個の変数で状態を表すとき、n次元と呼びます。直線は一次元、平面は二次元、高さも含む空間は三次元で表すといった形です。データの場合は、年齢/体重/身長/性別だと4次元になります。

ディープラーニングの世界では、100,000次元を1,000次元に削減するといった考え方が出てきます。直線や曲線を関数で表し、データの近似を極力少ない次元（パラメータ）の関数で表そうというのが、機械学習でありディープラーニングなのです。パラメータ、次元を減らすというのは、限られたデータ量やストレージ領域内で、同じ意味合いを表現することです。データ量や計算量を削減するの

は、非常に重要なことなのです。

　ここまで紹介した統計学的手法の回帰、分類、クラスタリング、次元削減には
それぞれに小分類に属する手法や計算式があります。

　これらについては、プログラミング言語やAIをサポートするプラットフォー
ムベンダー（Microsoft、Googleなど）が、チートシートという名称で図解した
ものを用意しています。Azure machine LearingやScikit-learnチートシートなど
で確認すると、わかりやすいでしょう。

　ここでそれぞれのアルゴリズムや計算式について説明することはしませんが、
簡単にそれぞれの種類をご紹介します。

●回帰	線形回帰
	ベイズ線形回帰
	リッジ回帰
	ラッソ回帰
	ポアゾン回帰
	サポートベクター回帰（SVR）
	ランダムフォレスト
	序数回帰　　　　　　　　　　　　　　　　　　　　　など

　これらは、簡単な直線や関数式の曲線で分類しにくいデータ分類であったり、
教師データの誤差や誤りといったものによる過学習を防ぐためのアルゴリズムで
す。フィッティングや誤差、誤りのノイズに左右されないためのオプションやマ
ージンがいくつも用意されていると考えるといいでしょう。

●分類	2項分類	ロジスティック回帰 ランダムフォレスト デシジョンジャングル ブーストデシジョンツリー サポートベクターマシン 平均化パーセプトロン ベイズポイントマシン　　　　　　　　　　　　など
	多項分類	ロジスティック回帰 ランダムフォレスト デシジョンジャングル ブーストデシジョンツリー サポートベクターマシン k近傍法（k-nearest neighbors） one-v-all（一対全多クラス）　　　　　　　　　など

●クラスタリング	k平均法（k-means） GMM（ガウシアンミクスチャモデル - 混合ガウス分布） スペクトラルクラスタリング ニューラルネットワーク

●次元削減	主成分分析（PCA） 非負値行列因子分析（NMF - Non negative Matrix Factorization） LDA（トピックモデル） ニューラルネットワーク　　　　　　　　　　　　　　　　　など

また、強化学習も同様に

●バンディットアルゴリズム	Greedy UCB（Upper Confidence Bounds） Softmax Thompson Sampling　　　　　　　　　　　　　　　　　など
●Q-Learning	Q-Learning Salsa モンテカルロ法 DQN（Deep Q-Network）　　　　　　　　　　　　　　　　　など

といった小分類があります。

1.4　プログラミングから見た機械学習

1.4.1　モデルの構築

　みなさん、機械学習やディープラーニングのモデルを構築して、プログラミングする方法を見ていきましょう。さまざまなユースケースに適用するアプリケーションを想定してみます。判定のアルゴリズムやシステム、ワークフローの構築することを考えてみるとき、どのような環境でどうやって構築するか、イメージできますでしょうか？

　環境構築には、いろいろな選択肢があります。

・システム要件
・どのようなアプリケーションか
・ワークフロー
・ユーザーインターフェース
・処理スピード
・メンテナンス性
・開発に関わるリソースの人数

　AI、機械学習、ディープラーニングとひとことで言っても、使うプログラム言語は何か？　機械学習やディープラーニング用のライブラリは何を使う？　データ準備や、評価・分析に関わるフェーズをどのように設定するか？　学習や評価の計算機の実行環境など、考えるべきポイントはいくつかあります。

　データの置き場所や学習、判定するプラットフォームもオンプレミスのローカル環境で実行する場合もあります。また、AWS、Azure、Googleなどが提供するAI用のプラットフォーム環境で実行することもあります。単にデータのストレージとしての格納場所や計算機のリソースといった観点だけでもありません。Cloud上のSaaS環境下で多くのライブラリがサポートされたり、専用のデータセットが用意されていたり、多くのモジュールとのAPI接続が可能となっています。

　トレーニングデータを作成、収集するときや、データを取り込んだり、ラベリングをするアノテーション用のプラットフォーム環境でも同じです。オンプレミスでローカルにインストールして使うことはもちろん、AWSなどの環境下でト

レーニングデータを作成、準備することがSaaS環境下でできます。データの置き場やどの国の人がデータにアクセスするか、またはさせないかという点は注意が必要です。世界中の人材を活用し、異なる地域のリソース、時間帯からも同一データにアクセスでき、一括で管理できるというメリットがあります。

　機械学習やディープラーニングのモデルを開発、評価、運用、メンテナンスしていく際の一連の流れは次のようになります。

1. データの入手、取得
2. データ準備
3. モデル作成
4. モデル評価

　機械学習やディープラーニングにおいて、どのモデルやアルゴリズムを採用するかも大切です。さらに質の高いトレーニングデータを準備するかが非常に重要だと言われます。

1.4.2　開発の過半数の時間がトレーニングモデルに費やされる

　筆者の勤務しているアッペンという企業では、毎年「**The State of AI and Machine Learning**」というホワイトペーパーをリリースしています。このホワイトペーパーは2022年で8回目を迎え、アメリカとヨーロッパ合計504名のAI関連調査者からのヒアリング結果を、The Harris Pollと提携してまとめているレポートです。[図1-7]

　レポートによると、データ入手、取得とデータ準備に平均で50.1%の時間が費やされています。42%の技術者が、データソーシング（入手）が一番困難だとの回答結果です。

　また、データソーシング（入手）、準備段階では、多くの前処理作業が行われます。

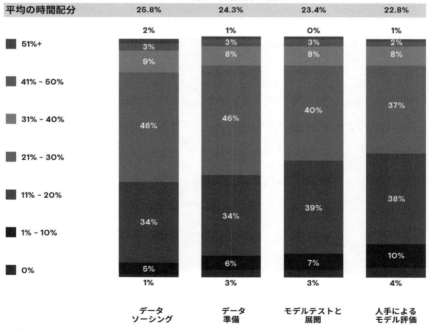

図1-7　State of AIアッペンのホワイトペーパー

1.4.3　データクレンジング作業

　データクレンジング作業と言われる前処理作業をPythonで行う場合、**Numpy**や**pandas**のようなライブラリがよく使われます。Numpyは数値計算用のライブラリであるため、配列や行列の計算を高速に行える関数が用意されていて、データの演算で多く使われます。

　pandas［図1-8］は同じくPython用のデータ処理、分析用のライブラリです。機械学習やディープラーニング用のトレーニングデータにとって、データそのものの整備は欠かせない前段階の処理で使われます。この前段階の処理のことをデータクレンジングと呼び、必要なデータ成形や前処理することで、入力データを準備します。

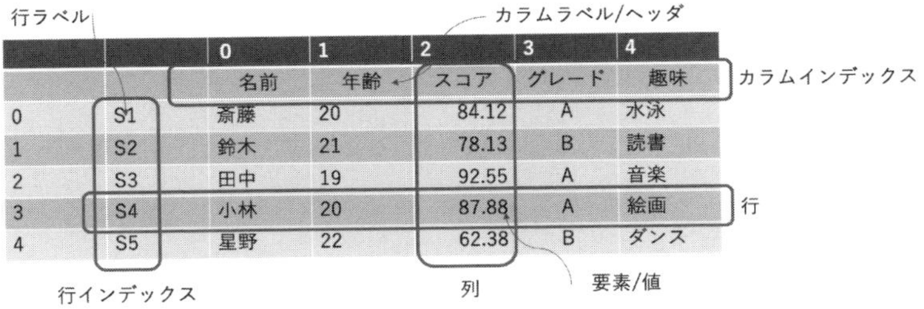

図1-8　Pandas DataFrame

　pandasはNumpyと並びよく使われています。pandasはデータフレームと呼ばれる行列形式のデータを効率よく処理する関数が整備されています。行列形式のデータを並び替え、抽出、成形し、無データ部分のデータ欠損を補う処理などデータの前処理には欠かせないライブラリです。行列データを扱うライブラリのため、csv形式のデータの入出力にも親和性が高いのも特徴です。検索機能や正規表現によるテキストデータを、行列形式の中で扱うことなども自然言語処理などのデータでは多くあります。複数言語で異なるアスキーコードの文字が含まれていないかなどのチェックも、Python環境の中で容易に実行可能です。

　そしてもうひとつよく使われる**SciPy**［図1-9］はNumPyをベースとしています。統計、最適化、積分、線形代数、フーリエ変換、信号・イメージ処理などの高度な数学、科学、工学用のファンクションを備えています。

```
[31]: import matplotlib.pyplot as plt
plt.subplot(2,1,1)
plt.plot(t,x1,t,x2,t,x3)
plt.subplot(2,1,2)
plt.plot(t,x)
plt.xlabel('Time (s)')
plt.ylabel('Amplitude');
```

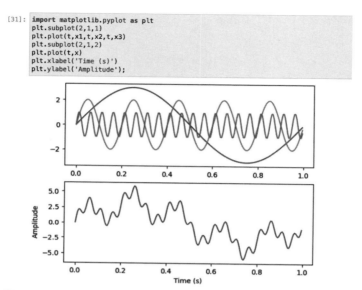

図1-9　SciPy

　データの可視化・分析もデータ生成、入手、準備工程に欠かせない要素のひとつです。AIの世界で、精度の高いモデルを開発しようとした場合、準備されたデータセットの特徴や傾向に対する深い理解が必要となります。そのためにもデータの可視化は非常に重要です。このフェーズでは、matplotlibやseabornがよく使われます。

　matplotlib［図1-10］は、前述のNumpyのために用意されたグラフ描画用のライブラリです。データやグラフの可視化、分析はすべてExcelでやります！というExcel愛好家の方も多いでしょう。しかしmatplotlibではExcelでは書けない、表現するのが難しいグラフも描画することが可能です。折れ線グラフからヒストグラムのようなものまで、さまざまなグラフを描画します。matplotlibは同じく科学分野や数学などの分野で多く実績のある、MATLABに使われる言語に似ています。

　matplotlibは汎用性があるため、さまざまな用途で使われています。また、この分野ではmatplotlibと並んで**seaborn**［図1-11］がよく使われます。seabornはmatplotlibの描画機能をより美しく、簡単に作ることを目的としているため、ビジュアル的に美しいグラフが簡単なコード記述で描画できるのが特徴です。散

布図、ヒストグラム、ヒートマップなどもより美しく描画でき、データの相関関係の可視化や特徴点の可視化などにも利用されます。

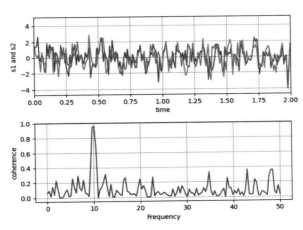

図1-10　matplotlib

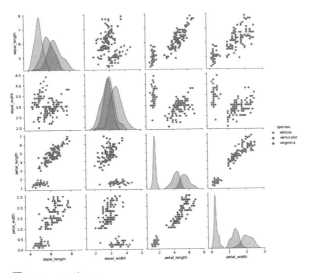

図1-11　seaborn

　ここまでは、トレーニングデータの加工や前処理、分析に使われる環境を見てみました。いよいよ機械学習やディープラーニングのモデル開発や学習の環境を見てみましょう。

1.4.4　プログラミング言語

　機械学習やディープラーニングの開発に携わる方々にはデータサイエンティストと呼ばれる職種や、企業のIT部門や研究開発部門に所属している場合もあるでしょう。マーケティング部門である場合や、ブラウザで稼働するアプリ開発の一環で手がけるケースやビックデータをつかさどる、データベース関連から派生することもあるかもしれません。

　こうしたことから考えると、一般的にプログラム開発の現在の人気や習得人口の多さ、教育機関や企業教育でもPythonが一番入り口も広く、サポートされているライブラリも豊富に整っていると言えます。

　データサイエンティストや統計学などを手がけている方にとっては、R言語が同じく一般的です。元々R言語は統計解析用に開発された言語であるため、統計やデータ分析に強みを持ち、ベクトル処理することで、大量のデータでも一気に処理できる特徴を持っています。演算結果をグラフ化する多彩な機能があることから、データサイエンティストや統計学を使う人たちに人気が出ました。

　開発されたモデルをアプリケーションとして実行し、多くのデータを高速で動作させるアプリケーションにはC/C++などが使われるでしょう。WebアプリにはJavaScriptが多く利用されます。もちろんJavaも使われるでしょう。これ以外にもデータベース関連のSQLなどもあり、科学分野や数学分野でよく使われるMATLABなどの言語も有償の開発環境でもよく利用されます。

　現在ではこれらの開発言語上で実行できる機械学習やディープラーニングのモデルが用意されているので、みなさんに親しみの深い言語で自由に機械学習やディープラーニングの実装ができます。

　ここからは、機械学習やディープラーニングのライブラリを見てみましょう。

1.4.5　機械学習向けライブラリ

・scikit-learn

scikit-learnはサイキットラーンと読みます。オープンソースで公開されているpython用の機械学習のライブラリです。オープンソースで無償利用でき、商用にも利用できるため、pythonとともに多くの場面で利用されています。

前の章で説明したようなチートシートに記載されている用途に応じて回帰、分類、クラスタリング、次元削減などのアルゴリズムがサポートされているのです。さらにはscikit-learn.orgのサイト上で公開されているユーザーガイドが、非常に充実しています。それぞれのアルゴリズム用にサンプルデータとして、実装し、学習可能なデータセットが準備されているのも特徴です。

このデータセットにはToy datasetsと呼ばれる、以下の実習用のデータがあります。

・回帰用のボストンの住宅価格
・糖尿病の進行状況
・生理学的測定結果と運動速的結果
・分類用のあやめの種類を分類するデータ
・ワインの種類、がんの診断結果

　　　　　　　　[https://scikit-learn.org/stable/datasets/toy_dataset.html]

これにはReal world datasetsとして、

・回帰用に、カリフォルニアの住宅価格のデータ
・分類用には、AT&Tで用意された顔の写真
・森林の木の種類
・ロイターのカテゴリ別ニュース
・ネットワークの侵入検知

　　　　　　　　[https://scikit-learn.org/stable/datasets/real_world.html]

などのデータが用意されています。

　scikit-learnはNumpy、SciPy、matplotlibと組み合わせてpython環境下で利用できるため、一連のフローを簡単に実現できます。

1.4.6　機械学習のプログラミング例

　詳細は省きますが、scikit-learnを使った機械学習のプログラミング例をひとつ示します。scikit-learnに含まれる「あやめ」を機械学習する例です。

```python
#まず、ライブラリを読み込み、必要なデータセットを読み込みます。
##pandasとscikit-learnのライブラリをインポート
import pandas as pd
import sklearn
##あやめのデータセットをインポート
from sklearn.datasets import load_iris
#データセットを読み込み、特徴量とラベルをデータフレームとシリーズに
格納します。
##データセットの読み込み
iris = load_iris()
##特徴量をデータフレームへ
iris_features = pd.DataFrame(data = iris.data, columns =
iris.feature_names)
##ラベルをシリーズへ
iris_label = pd.Series(iris.target)
#データチェック後、データセットをトレーニング用データとテスト用デー
タに分割します。
##トレーニングデータとテストデータに分割
from sklearn.model_selection import train_test_split
X_train, X_test, y_train, y_test = train_test_
split(iris_features, iris_label, test_size=0.25,
random_state=0)
```

　実行しても何も出力されませんが、test_sizeやtrain_sizeの引数を指定しない

場合、デフォルトのままトレーニング用に75%、テスト用に25%のデータに分割しています。random_state=0とすると実行のたびに同じ出力結果が保証されるので便利です。

いろいろな引数が他にもありますが、ここでは実装の流れだけを見ていきたいので、このデータを元に次のように実装し、学習します。ここではLinear SVCと呼ばれるサポートベクタマシンを利用した、クラス分類を実装してみます。75%分でトレーニングし、残りの25%について、クラスを予測します。

```
##モジュールのインポート
from sklearn import svm
##ここに上記のプログラムを挿入する
##LinearSVMを指定し、最大のイタレーション回数を3000に指定
ldvc = svm.LinearSVC(random_state = 0, max_iter = 3000)
##トレーニング
ldvc.fit (X_train, y_train)
#これでトレーニングが完了します。
#残りのテスト用データを用い、分類します。
##LinearSVMでラベルの予測
pred_test = ldvc.predict(X_test)
print(pred_test)
```

・**上記の実行結果**

```
[2 1 0 2 0 2 0 1 1 1 2 1 1 1 1 0 1 1 0 0 2 2 0 0 2 0 0 1
 1 0 2 2 0 2 2 1 0 2 1 1 2 0 2 0 0 1 2 2 1 2 1 2 2 1 2 2
 2 2 1 2 2 0 2 1 1 1 1 2 0 0 2 1 0 0 1]
```

解説をしますと、利用したあやめのデータセットは表1-1の3つの品種にそれぞれ0, 1, 2のラベル（クラス）が割り当てられています。

表1-1　あやめのデータセットとラベル（クラス）

あやめの種類	ラベル（クラス）
iris setosa（ヒオウギアヤメ）	0
iris verisicolor（ブルーフラッグ）	1
iris virginica（アイリス・バージニカ）	2

　それぞれの品種には、50ずつのデータがあり、がくの長さ・幅と花弁の長さ・幅のデータが与えられていまた。

　上記の実行結果は、学習したモデルで予測したラベルを順番に［２１０・・・］表しています。

表1-1　あやめの各種数値と予測したラベル（クラス）

sepal length がくの長さ	sepal width がくの幅	sepal length 花弁の長さ	sepal width 花弁の幅	class クラス
5.1	3.5	1.4	0.2	0
4.9	3.0	1.4	0.2	0
4.7	3.2	1.3	0.2	0
<略>				
7.0	3.2	4.7	1.4	1
6.4	3.2	4.5	1.5	1
6.9	3.1	4.9	1.5	1
<略>				
6.3	3.3	6.0	2.5	2
5.8	2.7	5.1	1.9	2
7.1	3.0	5.9	2.1	2

　ここでトレーニングデータの数に対する重要度合いを見てみましょう。

　あやめのデータセットでは150のデータがあります。

　例ではデフォルトの分割を行いましたので150のデータを75％トレーニング用に用意し、学習したモデルの正当性を25％のデータで検証しました。よって学習フェーズでは150の75％、つまり112個のデータを使って学習していました。あるジョブでは97.4％の精度で判定できるモデルとなっています。

　簡易的にこのジョブにトレーニングとテスト（検証）用に分割する割合を、

train_sizeという引数をセットすることで、デフォルトの75%分割の割合を50%と25%に変更してみましょう。この設定で学習に使われるデータが112個の場合、75個の場合、37個の場合を比較できます。

```
train_size=0.25
精度  0.9292035398230089
トレーニングに使われるデータの数は37個


train_size=0.5
精度  0.9466666666666667
トレーニングに使われるデータの数は75個


train_size=0.75
精度  0.9736842105263158
トレーニングに使われるデータの数は112個
```

このようにデフォルト75%の112個のデータで学習すると97.4%の精度で判定でき、数が少なくなると、モデル精度が94.5%、92.9%と低下します。

このことからもトレーニングデータの数が十分でないと、精度が低下することをおわかりいただけると思います。

上記は一例に過ぎませんが、このようなコーディングだけ機械学習が実現できます。トレーニングデータの分割、モデルの選択、学習（フィッティングと呼ぶ）、テストを実行できます。それぞれのアルゴリズムごとにクラス、メソッド、引数があるので、これらを指定するだけで実装できます。データセットのデータを分析したり、欠損データなどが存在しないかのチェックも大切です。引数のバリエーションや異なるモデルの結果を比較し、正解率などの指標で評価し、モデル選択やパラメータの絞り込みをしていきます。

1.4.7 ディープラーニング向けのライブラリ

ディープラーニング用のライブラリにはどのようなものがあるでしょうか？

　ディープラーニングの世界では、TensorFlow／KerasとPyTorchが主要なライブラリとなっています。

　PyTorchは会社名がMetaに変わったFacebookが開発したもので、Torchを元に作られたオープンソースのライブラリです。カスタマイズやロジックの把握がしやすいため、研究分野で多く使われています。

　TensorFlowはテンソルフローと読み、2015年にGoogleから公開されたオープンソースのライブラリです。TensorFlowはエンドトゥーエンドのオープンソースプラットフォームとして作られています。モデルの実装という工程だけでなく、大規模データの集約、クリーンアップ、前処理のデータツールが用意されています。パソコン上でpythonを使った実装だけでなく、モバイルやエッジデバイス、JavaScriptでのWeb向け実装など、さまざまな環境下に適用できる点が特徴です。TensorFlowは機械学習からディープラーニングまでをサポートした環境になっています。

　Kerasは同じくGoogleから派生し、TensorFlow上で実行できるニューラルネットワークライブラリです。Kerasのもうひとつの特徴は複数GPU整列処理のためのサポートが強力なため、学習を複数のGPUチップに割り当て、並列処理できます。なおKerasという名前はギリシア語で角を意味する単語だそうです。

1.4.8　ディープラーニングの実装例

　ディープラーニングの例ですが、TensorFlow/Kerasを使って、シンプルな入力層、全結合層、Softmaxと出力から構成されるニューラルネットワークのプログラムは以下のようになります。

```
##必要なライブラリ群のインポート
import tensorflow as tf
import keras
from sklearn import datasets, preprocessing
from sklearn.model_selection import train_test_split
from keras.layers.core import Dense, Activation
from keras.models import Sequential
from keras.utils import np_utils
```

```
##データセットの読み込み
iris = datasets.load_iris()
x = iris.data
y = iris.target
##データに対する前処理
x = preprocessing.scale(x)
y = np_utils.to_categorical(y)
##トレーニングデータとテストデータに分割
X_train, X_test, y_train, y_test = train_test_split(x,
y, random_state=0)
##モデルの作成
model = Sequential()
model.add(Dense(input_dim=4, units=3,
activation='softmax'))
model.compile(optimizer='adam', loss='categorical_
crossentropy', metrics=['accuracy'])
##フィッティング
model.fit(X_train, y_train, epochs=50, batch_size=1,
verbose=1)
##評価
loss, accuracy = model.evaluate(X_test, y_test,
verbose=0)
print ('Accuracy', '{:.2f}'.format(accuracy))
```

実行には少し時間がかかりますが、結果は以下のようになります。

```
Epoch 1/50
112/112 [==============================] - 1s 2ms/step
- loss: 1.0775 - accuracy: 0.4375
（途中省略）
Epoch 49/50
112/112 [==============================] - 0s 2ms/step
```

```
- loss: 0.2034 - accuracy: 0.9464
Epoch 50/50
112/112 [==============================] - 0s 2ms/step
- loss: 0.2012 - accuracy: 0.9375
Accuracy 0.92
```

　結果について補足します。Epochの値は同じトレーニングデータを使って何回繰り返し学習するかというものです。繰り返すことで学習結果をより良くしていきますが、多すぎると過学習となり、精度が落ちます。ここでは50回繰り返し学習しています。

　学習1回目は正解の精度が0.4375なので、与えられたデータで作った初期のモデル（アルゴリズム）では43％しか正解しません。そしてAIモデルが予測した値と実際に与えられているトレーニングモデルの値の差をLoss関数で表していて、この値が大きいうちは予測値と正解値のずれが大きいことを意味しています。

　50回の繰り返し学習で、この差を小さくするためにパラメータを調整し、学習していきます。

　そして50回目の結果では正解率が92％になり、loss関数の出力値も0.20まで低下しています。

　機械学習のデータ数に対するデータ度合いの例をディープラーニングでも見てみましょう。

　コードサンプルの例では、Epoch50という同じトレーニングデータで50回学習させるという設定でした。この例では50回の学習で精度0.87の87％の精度です。

　Epochを150に設定して実行してみると精度は0.97の97％まで上がります。ディープラーニングではこのEpochの最適値を見つけることも重要ですし、大き過ぎると過学習となり、精度の低下を起こします。

　同じくトレーニングデータの数を変えてみましょう。112個のデフォルトでEpoch150実行したものは97％でしたが、75個で実行した精度は87％、37個では82％になっています。

　精度の違いはかなり大きく、97％/87％/82％で比較すると1万のデータで判定を行う場合、誤個数はそれぞれ300個/1,300個/1,800個と大きな違いです。

　このようにトレーニングデータの十分な数で学習することの重要性と、過学習を起こさない最適値で学習させることの重要性がおわかりいただけると思います。

　よくディープラーニングでは、n層のネットワークという表現や全結合層、畳み込み層、プーリング層などという表現や活性化関数に何を使うのかという説明が出てきます。実はディープラーニングはよくブラックボックスと言われたり、中でどのような処理が行われているのかわかりにくいと言われたりします。

　また、新規に自分でモデルのアルゴリズムを作ることはもちろん難しいものですが、実装する手順やコード自体は極めてシンプルなのです。上述したように全結合層はDense Layerと呼ばれます。Denseクラスに対してinput_shapeを指定し、ユニット数やactivationなどのメソッドに対して、引数の入力数4や、activation活性化関数のrelu、softmaxなどを指定するだけなのです。

　畳み込み層には次元数に応じて、Conv1D、Conv2D等のクラスがあり、同じくMaxPooling1Donようなクラスが存在します。n層のネットワークなどは後ほど詳しく説明します。また、ディープラーニングのタイプの1つにCNNがあります。このひとつのモデルであるAlexNetでは8層、ResNetでは152層とあるように、中間層の総数に応じた各層の記述と引数のパラメータ設定などが中間層分あるというのが実装のやり方です。非常に実装自体はシンプルで、難しいものではありません。もちろん何が最適解かを探求していくことは難しいと言えます。

　ここまで機械学習とディープラーニング用のライブラリを見てきました。ユースケースごとに、音声認識にはspeech recognitionのような音声認識ライブラリ、自然言語処理用には形態素解析用にMecabのようなオープンソースのライブラリ、画像認識用にはOpenCV（Open Source Computer Vision Library）、scikit-imageのようなpythonライブラリなどがあります。

1.5　トレーニングデータの位置付け

　機械学習やディープラーニングにとって、非常に大切な位置を占める、**入力データ**はどのような意味合いを持つのでしょうか？　よく、AI関連の展示会などで、AIに関して情報収集段階や手がけ始められたばかりの方々、AI利用のために画像などのデータを収集していたり、コールセンターの対応履歴を電話音声やテキストを保有している方々などとお話しする機会があります。機械学習やディープラーニングに必要なデータとは？　AIモデルとは？　という話をしますが、相互の話が噛み合うまで、少し時間のかかる場合があります。多くの人は、理解が

進んでいくと、トレーニングデータとは何か？　教師ありだけトレーニングデータが必要なのでは？　など、じつはもっと深いことがあることに次から次へ気が付いていくものです。

　その理由のひとつには日本語の用語がうまく整理されていないからなのでは？と思います（この章の先頭で少し整理したのには、そのような背景があります）。本書を執筆していてもトレーニングデータ、学習データ、教師ありデータなどをそれぞれ用語で表現したくなるときがありました。正解（不正解のときもあります）のラベルが付いたものだけが、学習データと考えたくなるときもあります。

　ここでひとつ言えるのは、ある特定の数式（関数）をモデルとして使い、統計学的なアプローチで行う機械学習、さまざまなパイプラインや意味合いを持つ重み付けや係数、活性化関数を用いるディープラーニング、どちらの場合でも入力データと計算をつかさどるモデルがあり、入力データに多く誤りがあったり、数や質に問題があると、必ずアウトプットとしての判定精度は悪くなるという相関関係があります。

　機械学習では、入力データというものが、とても重要な位置付けを占めます。この入力データが学習用のデータであり、システムが関数を決めたり、係数を決めたりすることが学習にあたるのです。正解のラベルを写真に付けたものでも、単にラベルがない状態で分類するような場合でも、教師あり学習も教師なし学習もどちらも学習というプロセスは行われるので、入力データはイコール学習データとなります。

1.5.1　音声、テキストなどの言語データの場合

　以下すべてが音声認識、機械翻訳、自然言語処理における学習用データ（トレーニングデータ）です。

・音声認識における、学習するための音声データ
・音声を人間が聞き取り、文字起こしをしたテキストデータ
・翻訳した翻訳前後のテキストデータ

1.5.2　画像や動画などの場合

　画像分析や物体検出における写真や動画のデータと、付加される**バウンディングボックス**といった、正解のための動物を認識する際のこれは猫、犬という**ラベリングデータ**も、すべてがトレーニングデータです。教師なし学習の場合でも、分類問題に使われる入力データの写真データは、正しい分類ができるようにするために必要な分類学習用のトレーニングデータと言えます。写真に正解ラベルを付けない場合でも、入力に使われる写真データは、重要なトレーニングデータなのです。

1.5.3　アノテーションの意味

　もうひとつわかりにくい言葉は**アノテーション**という言葉かと思います。annotationという単語をジーニアス英和辞典で検索してみると、名詞として注釈、注解という可算名詞の意味があります。注釈を付けることという不可算名詞の意味が出てきます。アノテーションという言葉自体は、AIの専門用語だけでなく、プログラミング言語において**メタデータ**（データに関する情報）を付加することも、アノテーションです。

　言語領域では、文字起こしのことをアノテーションと呼ぶこともあります。**コーパス**を作る際の単語を抽出し、品詞情報を付け加えることや、関係性の情報を付け加えることもアノテーションと呼びます。

　画像や動画でも、分析に必要なピクセル内の領域を表すために座標を指定することも同じです。長方形などの矩形で囲う**バウンディングボックス**や画像内のピクセル（画素）領域をポリゴンで囲い、色分けしたり（**セグメンテーション**）することも、アノテーションです。

　猫、犬といった正解データのような情報。製造業における、不良品の判定などの正解・不正解のデータも同様です。

　製造工程での合否判定の場合、次のようにa1〜a4のような情報もアノテーションとして付加するラベリング情報となります。

```
a0-合格でOK
a1-亀裂で不合格
a2-破損で不合格
a3-汚れで不合格
a4-判別不明
```

1.5.4　属性情報

　画像による人物属性に必要な、年齢／性別／居住地域といった情報も人によって**ラベル**、**タグ**、**属性情報**など呼び方はまちまちです。この情報も教師つき学習データの「教師」を意味するラベルデータ。写真のデータとラベルデータをセットでトレーニングデータと認識したり、教師なしの分類の場合、写真データがトレーニングデータとして認識されます。このあたり、AIに関わりはじめの段階では、比較的混乱しやすいかもしれません。

1.5.5　アノテーション結果の表現と精度

　アノテーション結果は、どのようにデータとして表現されるの？　に触れます。単純に考えますと、最終的には、AIモデルに入力するためのプログラムが、付与されているデータを読み込めるように表現すればいいのです。

　具体的には、テキストファイル形式であったり、csvファイルの形式や、Excelデータのこともあります。また、XML、JSONフォーマットのように、プログラムからファイルへのインターフェースを確立しやすい形式であることが多くあります。大切なのは、わかりやすくしてあげることです。大切なのは、音声ファイルや写真などのjpgデータのファイルと、各種ラベルデータが1対1に対比しやすいファイル名ラベル名であることも重要です。ラベルの付け忘れ、欠損、データとラベルを間違って紐付けしてしまうことがないようなネーミングと、ファイル名から読み取れる種類や数の表記を認識できることが大切です。

　データの傾向を分析する際にも非常に重要で、傾向から外れているようなデータがどのデータなのか？　を確認する上でも、ファイルやラベル情報のネーミングは、最初の段階からきちんと整理するのが望ましいでしょう。

　トレーニングデータは堅牢に正確に構築することが重要であり、トレーニングデータが確かであるからこそ、正しい機械学習やディープラーニングのモデルの吟味や検討、評価が自信を持って行えます。トレーニングデータが不確かでは、データがおかしいのか、モデルの選択や、構成が不完全なのかがわからなくなってしまいます。

　よく聞かれることのひとつにラベルを、AIの機能を使って自動で行うほうが楽でいいのでは？　があります。「AIで自動化して、楽にアノテーションができます」という売り文句で宣伝している会社さんも見かけます。

　AIモデルの判定というものは、100パーセントの精度というのは、残念ながら出にくいものです。仮に精度97%のAIモデルで自動化したラベリングデータは、データに3%の不確かさを含んでいます。不確かさはデータによっては2%かもしれませんし、5%かもしれません。仮に3%だとすると、データ数1,000では30です。100,000では3,000のトレーニングデータが入力する前から不確かさを含んでしまっていて、開発されるAIモデルではさらに精度が落ちてしまいます。

　人間の作業や判定というのも同様に不確かさを含んでいます。トレーニングデータをきちんとした形で整備するとき、ラベリングに携わる方の熟練度合いの理解は、プロジェクトマネージャーの方には重要な要因です。人の違いによって生み出される不確かさを排除するために別の人間をあてるという体制も非常に重要です。質の高いデータを準備していくことが、確かなAIモデルの開発へとつながっていきます。

第 **2** 章
マネジメント層とエンジニアの機械学習

2.1　データ活用とは

　AI、機械学習、ディープラーニングを活用し、変革を促していくためにトレーニングデータは重要なウエイトを占めています。トレーニングデータに注目す

図2-1　State of AIの調査結果

る上で、企業の姿勢や文化といったソフト面を見過ごすことはできません。

　まだまだ調査対象が2022年では北米と欧州に限られていますが、アッペンが毎年「The Harris Poll」と提携して行っている「**The State of AI and Machine Learning**」という調査報告があります。この調査でトレーニングデータに対するデータ収集は、42％の技術者がデータを取得することに対して困難を感じていると回答がある一方、マネジメント層は24％が困難と感じているようにマネジメント層と技術者のあいだでもギャップがあり、当然のようにデータ活用においても地域差や企業差があると考えられています。[図1-7、図2-1]

　本章では、トレーニングデータを活用していく上での前提として、データについてどのように考えられ、どのような課題があるのか。ポジションや役割の違いによりどのような視点の違いがあり、何を取り組んでいくべきなのかという点について考えてみたいと思います。

　少し遠回りの内容と感じるかもしれません。しかしトレーニングデータを考える上で、非常に重要だと思いますので、少々お付き合いください。

2.2　DXからデジタルファーストへ

　機械学習やディープラーニングなどのAIを開発することは、企業価値を高めることにつながります。ユースケースを展開することによって、効率化によるコスト削減や人材の不足に対応していくためには、デジタルデータをどのように活用していくかが重要です。

　デジタルトランスフォーメーション（Digital Transformation - **DX**）という言葉が使われるようになって、だいぶ経ちます。元々はスウェーデンのErik Stolterman教授が「Information Technology and the Good Life」という2004年に提唱したと言われています。主に企業におけるITの活用で、事業の領域や業績が大きく変革されるという内容です。DXという言葉は、企業やITにとどまらず、社会全体のデジタルデータの活用という概念でも、より広義に使われることもあります。

　デジタルトランスフォーメーションもさらに進化を遂げ、調査会社のIDCのmedia centerでは次のように定義されています。

DXによりデジタルデータが増えると、機械学習
トレーニングに使えるデータも増える

・第1世代　変革と実験
・第2世代　デジタルの価値とのギャップを埋める
・第3世代　デジタルトランスフォーメーションからデジタルファーストの世界へ

　デジタルファーストでは、企業のあらゆる活動を、デジタル技術の活動を前提にデザインし、企業内のすべての組織が推進するとしています。

　DXからデジタルファーストに移行するにあたり、データの活用を第一に考えるデジタルファーストという概念は、企業文化そのものです。デジタルデータを活用するのは、企業の姿勢そのものであると考えられています。

　多くの企業や官公庁などの組織、団体において、とくに日本では、依然として判子の文化や紙の書類が使われています。デジタルファーストに向かう取り組みが増えてきているものの、まだまだ道半ばといった印象も多くありました。

　あるコンサルティング会社がDXを最も推進したのは、CEOでも企業でもなくCOVID-19だと揶揄していました。日本においても少なからず電子署名や紙の請求書の廃止、紙によるオペレーションがデジタルのプロセスに変革しつつあるのは、コロナ禍によるものが大きかったのではないでしょうか？

　パンデミックといった外的要因の変化が、さまざまな必要性の変化を産み、企業や組織がいろいろな変革を迫られたり、変革をうまく成し遂げていった企業や組織が価値を生み出すとも言えるでしょう。

　機械学習やディープラーニングなどのAIの活用もひとつですし、デジタルファーストが浸透し実践する企業は、グローバルな環境下において、インテリジェ

ントな企業と言えます。

　このような企業にはどのような特徴があるでしょうか？

　DXが大きなバズワードとして叫ばれた時期では、データを活用するために、データを大量に収集し、蓄積して可視化することが行われていました。このことを「見える化」と呼んでいたりしました。筆者はこの呼び名が「ものづくり」の次くらいに嫌いな単語でした。

　そんなことはさておき、こうしたデジタルファーストの文化が根付いた企業では、データを可視化することは日常的に行われます。その上で、情報と知識に変化させ、気付きや取り組むべきポイントに注目できるのがひとつの特徴です。

　データを大規模に活用する力を持ち、トップの経営者からミドルマネジメント、現場の最前線の従業員まで、データを活用し、そしてAIの判定、データ分析、データの蓄積、クラウド・エッジ技術の活用まで総合的な技術インフラを活用することが求められます。

　さらに、蓄積、分析、注目すべき点などの洞察を個人や組織を横断し共有する力、そして情報を元に継続的に学習していく力です。「デジタルファーストの文化が根付いていること」「データ主導で物事を捉え、データに基づいた意思決定が組織の力として浸透していること」これらがデジタルファーストの企業の特徴と言えるのではないでしょうか？

　データを蓄え、利用し、それを可視化し、分析、判断するツールをもち、ナレッジとして組織を跨いで活用できるか？　という視点で捉えてみるのがいいと思います。

2.3　マネジメント層の大事な役割

　デジタルファーストの企業になるために、マネジメント層（以下、経営者含む）の方々は、何を考えるべきでしょうか？

　[図1-7]「The State of AI and Machine Learning」によりマネジメント層と技術者の間には、さまざまなギャップのあることがわかりました。AIのためのトレーニングデータひとつをとっても、現場技術者は、データソーシング（データ収集）が一番困難であると挙げています。データライフサイクルの中で、42％の技術者が回答しています。データのアノテーションなどを含むデータ収集やモデルのテスト、モデルの評価などの工程と比較して、最大です。

　一方、4つのステージに対してマネジメント層の方々は、データ収集に関わる工程を低く見ています。立場やポジションによっても大きく違っています。

　また、もうひとつのデータは、機械学習のモデルに対する再トレーニングやアップデートをどのくらいの頻度で行っているか？　というものです。調査結果では、2022年に404の有効回答数のうち、38%の回答者が毎月行っていて、39%の回答者が3か月に一度行っているという回答結果でした。1か月に複数回行っているという回答数が14%であるため、実に91%の方々が3か月に一度はモデルの刷新を実行している結果になっています。[図2-3]

　みなさんの実務や所属している組織の現状について、比較してみるとどのような結果になるでしょうか？

　一般的には、機械学習やディープラーニングでは、トレーニングデータの質や量が判定結果に大きく影響を与えるというお話をしてきました。データを集め整備し、モデルを作成して開発したものが、一発で稼働し、所望の判定結果が得られるモデルやプロジェクトばかりではありません。トレーニングデータの分析や不具合の追跡、不足したデータの補充や追加学習など継続的なモデルのアップデートも、AIに関するプロジェクトでは必要な要因のひとつです。

　とくに日本の企業では、失敗を認めない、許容しない、されないといった傾向や企業文化もあるのではないでしょうか？　投資の面だけ見ても、必要なトレーニングデータを満たすだけの予算配分が得られず、不十分なデータ量によって、想定した判定精度が得られない場合も多くみられます。

　一例として、よくお客様から問い合わせを受けるのが、事例に関してです。同一業界内で、他社がどのような事例を作っているのか、成功した事例はどのようなものがあるのかといったご質問をよくいただきます。上司の方が、他社の成功事例がないと、投資判断や開発のプロジェクトにゴーサインを出してくれないなどの話もよくあることです。

　ところで、自社で持つデータや、分析結果、知見などから得られる洞察結果を生かせる文化があり、自分たちの判断に基づいて、プロジェクト推進を決定するような企業や組織は、傾向として業界内でリーダー的なポジションを確立しています。そういう企業ではポジティブな空気が溢れ、新しいアイディアやチャレンジに取り組み、失敗があっても成功するプロジェクトも多く、より多くのビジネス的な成果や利益の向上につながっている傾向にあります。

　一方で他社の動向や実績あるユースケースばかり気にして、意思決定に時間が

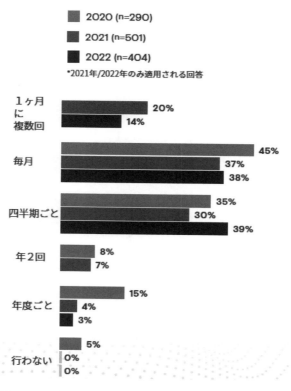

図2-3 モデルアップデートの頻度（State of AI2022より）

かかり、投資判断のゴーサインが出ない組織や企業では、先進的な発想や成果を生み出せていません。

新しいアイディアや、先進的な取り組みには、ある程度のリスクやチャレンジは必要です。ある程度の失敗を許容し、結果に基づきモデルの学習や刷新を繰り返し、より良いモデルを開発し続けること。その結果、ビジネスの獲得や利益の増加に繋げていくことは大切です。マネジメント層の方々にはデジタルファーストの文化の醸成と、失敗の許容、自社が先駆けた事例を作り出していくことこそが大切ではないでしょうか？

自社内で蓄積されたデータや情報、知見を共有し、チームメンバーやスキルを持った技術者、データサイエンティスト、アナリストの方々への権限委譲や意見を求めることは、データやデジタル技術を使いこなす能力に長けた人材を生かし、新たなプロジェクトを生み出し、成功させるための原動力につながります。

しかし、そのためには方法論の再定義や新たなルール作りも大切です。

コロナ禍で大きく外的要因の変化による変革が進んだように、進めるスピード、変化を見極める力と対応力も重要です。これまで、日本企業はとくに大手企業を中心に、インフラなどに大きな投資をし、資金力や人材を生かす。中長期で開発し、大きな成果を出すことがどちらかというと得意だったのではないでしょうか？

データを生かしデジタルファーストで取り組んでいくことは、急激な外部要因に柔軟に対応し、お客様や外部パートナーに対して、いち早く成果物を届けることにつながります。外部の環境変化にデータとテクノロジーで素早く対応していくことは、ビジネスアジリティを高め、企業文化をデジタルファーストに変革していくことになります。

良く言われることですが、とくにトップマネジメントの方々は、外部環境の変化を適切に据え、市場動向の変化や顧客のニーズを見据え、適切の企業の目標を外部環境視点で設定することが大切です。多くの停滞している企業においては、外部環境視点が欠けていることも多いと言えます。ミドルマネジメント層は組織やグループ間に壁や軋轢を生じ、サイロ化が起こるといった問題を避けるために、データや情報、知見の共有と社内外のコミュニケーションやネットワーク構築に注力することも大切です。もちろん、多くの投資で、ベストのデータ収集や準備ができるに越したことはありません。このような投資の面でも企業文化の醸

成と、業界内、市場内において先進的なプロジェクトの推進を重点的に検討しましょう。そして、適切な協業パートナーなど、外部連携を図っていくことも、トップ・ミドルマネジメント層の経営判断で大切な要因のひとつになっています。

2.4　エンジニアとトレーニングデータ

　ここでは、デジタルデータの活用について機械学習やディープラーニングに携わるエンジニアとの関係について、触れてみます。

「トレーニングデータの準備」という新しい新
しい工程が、エンジニアの仕事に追加された

2.4.1　エンジニアはデータに対する知見に長けている！

　IT系エンジニアは、データに対する知見やデジタル技術を使いこなす能力に長けています。今後も知識やノウハウが磨き続けられ、経験や知見が、自社内や組織を横断して共有され、より力を発揮していくことでしょう。

　機械学習・ディープラーニング技術の普及の結果、エンジニアにはデータを収集し、整備する仕事が追加され、その結果であるトレーニングデータを使いAIなどのモデルを開発し、システムを作り上げています。エンジニアは、データをよく知り可視化し、データのインサイトを見極めているのです。

　ディープラーニングは、ブラックボックスだとよく言われます。ライブラリやプラットフォームが整理され、現在では、多くの論文に関する解説もあり、長所短所が分析済みです。すでに学習済みのモデルを使い判定して、追加学習したり、AIモデルを適用させることは、比較的容易に行える環境が整ってきています。

2.4.2　基礎知識の習得と変化への柔軟な対応

　ディープラーニングがブラックボックスであるとはいえ、裏付けとなっている数学などの基礎知識の理解も必要です。そしてAIモデルは進化し続けています。それらを理解した上で、アウトプットに対する分析し、判定結果から知見や傾向を得ることが必要です。それらを自社のユースケースとして浸透させ、新しい顧客を獲得したり、これまでのプロセスでなし得なかった効率化や利益の獲得が、知見や傾向を分析したエンジニアの生み出す価値の源泉となります。ユースケースがもたらす価値を的確に捉えることや、それらについてマネジメント層の方々とコミュニケーションをすることは価値の共有につながります。

　そのためには継続的な学習こそが大切です。毎年発表される多くの論文や、開発言語、プラットフォームなどは、日々新しくなっています。関連するセキュリティ技術、ネットワーク、ストレージ、エッジコンピューティングなどAIを取り巻く環境も変化しています。情報源やテクノロジー源にアンテナを張り、日々の業務の忙しさに忙殺されることも多いとは思いますが、新しい技術を吸収することは、エンジニアの方々の得意とするものですが、その比重が高まっていると思われます。

2.4.3　データソースの多様化

　「2.3　マネジメント層の大事な役割」で、データを収集するという点に関しては、エンジニアとマネジメント層の間には認識のずれがあることはお伝えしました。

　データを収集することに関しても、最近では、データソースの入手可能先は、多様化してきています。音声、画像、動画のようなデータや、SNSやブログなどを通じて入手できるさまざまなテキストデータなどです。製造の現場などでは、IoTやM2Mなどの接続により、リアルタイムにデータが収集されています。多くのログデータなども、企業や組織内に日々蓄えられ続けています。[図2-4]

図2-4　スマートファクトリー例

　また、多くの生データを入手できるデータソースも広がっています。自社内の他グループに相当するセカンドパーティ、外部のパートナーなどのサードパーティ、そしてオープンソースとして公開されるデータも活用し、必要となるデータ収集を行います。自社の他部門や外部リソース、オープンデータの活用は、データ収集の近道です。ソーシング手段だけでなく、エッジデバイスなどを利用し、リアルタイムにデータを収集することも、データインサイトの有効化へのオプションと言えます。

　このように、柔軟に変化に対応し、ナレッジを創出する主体となり、変革を積極的に主導することを意識することがエンジニアの方々にも求められています。

コラム　いくつかの変化

・データの格納や処理が変化：データの置き場所や処理される場所も、オンプレやクラウド環境に加え、さまざまなデータが活用されるオペレーション環境下では、デバイスやエッジサーバー上での処理が行われることも多くなっています。

・自然言語による探索の浸透という変化：入力としてのインプットデータやデータを見つけるための検索キーワードは、これまでのような単語の羅列よりも、自然言語によるクエリが必要です。

・判定に使われるデータのマルチモーダル化という変化：数値、テキスト、画像、動画、音声から複数の情報をもとに判定することも増えています。判定結果からレコメンドや情報発信をするといったユースケースです。

2.5 機械学習を取り巻く課題

ここまで、我々が考えるべきことなどについてさまざまな角度から見てきました。我々がデータ活用や機械学習、ディープラーニングなどのAIに取り組んでいく上でどのような克服すべき課題があるでしょうか？

ひとつには、データや知見の共有を阻む課題があります。

・多くの企業や組織において、データや知見が個々の人に依存している
・一部のメンバーや組織の中でのみ共有される
・各部門で分散して存在している

といった状況があると思われます。企業や組織の知識やノウハウが共有されず、部門がサイロ化することにより、連携が阻害されてしまうといった課題です。ユースケースと推論モデルの実行拠点が発散し、組織横断や全社的な展開となりづらいといった点も挙げられます。

データや情報に関するセキュリティを重視するのか、利便性を重視してクラウドを活用するのか、インフラとデータセキュリティに関するジレンマです。セキュリティを重視するあまり、データ共有やノウハウの共有がまったく進まないという組織もたまに見かけます。クラウドにデータを置くのかどうかというだけにとどまらず、組織を横断してどのように活用していくのかを企業や組織のルールとして規定している企業では、多くの差があります。セキュリティ重視とクラウド活用の利便性のジレンマももうひとつの課題です。

さまざまな外的要因の変化も課題のひとつです。人材不足、少子高齢化、地域経済の停滞などによるリソースに関わる点。コロナ禍の収束後に起こる、顧客ニーズの継続的な変化、働き方の変化、経済活動の大規模な変化なども挙げられます。

さらにはロシアとウクライナの戦争に見られるような地政学リスク、そうした要因からもたらされる円安・原材料価格高騰なども大きな外的要因の変化です。

[図2-5]

図2-5　地政学等の要因

　企業においては、どのように**SDGs**をとらえ、推進するのか、社会的責任をどう果たしていくのかも考えるべき要素のひとつです。

　これらの課題や外的要因の変化を見ると、顧客ニーズの変化、新技術の革新、収益構造の変化などももたらされています。

　これらの変化は、我々が存在しているエコシステムの変化を引き起こしています。これまでのように一社ですべてを実行できることは少なくなり、業界内外での協業が進んだり、業態や企業グループを結んだ企業間での連携も大きく発展しているのです。

　たとえば、これまでのように製造業種では部品メーカーと組み立てメーカーで成り立つ構図、金融業界では銀行を中心とした株式の持ち合いという構図が変化しています。

　自動車産業を見ても、これまでのように3万点ほどの部品を供給する部品や、モジュールのメーカーと組み立てメーカという構図から変わってきています。プラットフォーム化したシャーシー、モーター、バッテリーや多くのソフトウェアによる制御などです。それらをつかさどるCPUやGPUからなるハードソフトのプラットフォーム化や高精度マップなどを見ても、業界内外でのエコシステムのあり方が、様変わりしています。

　こうした課題の中でいかにしてデータを一元化し、クラウド技術を活かしてい

くのか、そして、リモートワークなどの働き方の多様化やRPAを活用した業務、オペレーションシステムなどの効率化なども、訪れている大きな変化の波となっています。

2.6　実行すべきこと

　いろいろな角度から課題や考えるべきことを見てきました。課題を克服し、データを活用し、より大きな成果を上げるに、以下の実行すべき項目を考えてみたいと思います。

- ・企業文化として組織のあり方の変革
- ・適切な目標設定
- ・意思決定の迅速化
- ・データ、ノウハウの共有化
- ・セキュリティを担保した積極的な分析

・企業文化として組織のあり方の変革

　マネジメント層は、適切な目標を設定します。現場のエンジニアやデータサイエンティスト、プログラマが目標を実践するために、データやテクノロジーの知見を活かしてリーダーシップを発揮していくのです。そのためにはフラットな企業文化の醸成が不可欠です。フラットな企業文化がスピードを生み、円滑なコミュニケーションが図られ、タイムリーなアウトプットを生み出す環境が整備されます。

・適切な目標設定

　マネジメント層は、企業や組織が向かうべきゴールや目標を設定することが大切です。新規顧客層の獲得や、人材の有効活用、収益を大幅に上げるなどの適切な目標の設定が必要です。たとえば収益モデルを変革させるために、IoT技術の利用による、新しい収益源や収益モデルを模索することもあります。外部のエコシステムとの連携により、収益と採算性を向上させるなどのビジネス的な目標を設定します。

・意思決定の迅速化

　なんといってもデータ主体でのインサイトによる、意思決定にはスピードこそが重要です。そのためには現場での意思決定と、権限移譲が必要です。ただやみくもに権限移譲すればいいというものでもなく、フラットな企業文化のもとで業務に当たる個人には、レジリエンスが備わっている必要もあります。レジリエンスという言葉は、心理学に関する用語で、困難な状況や局面において、柔軟な対応ができる能力という意味合いです。レジリエンスを持つことが、個人にも、組織にも、企業に対しても求められています。能力を発揮するためにも、データを可視化すること、そしてスピードが大切です。可視化は、現在何が起こっているのかを認識するための環境、スピードは、一定の限られた時間内で対応する必要性を意味しています。

　レジリエンスを持ち、迅速に意思決定するためには、必要なインフラ面も大切です。

　データインフラとしてもオンプレミスベースの環境から、クラウドの活用、さらにはエッジデバイス、クラウドに対応したエッジテクノロジーの活用を考えていく必要があります。[図2-6]

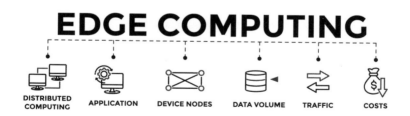

図2-6　エッジデバイスとクラウド

　これらの環境はセカンドパーティーやサードパーティーなど、関連したエコシステムパートナーを巻き込んでいくのもひとつです。

　製造工程などを考えたときには、こうしたITインフラだけでなく、オペレーション面を支えるOT（Operational Technology）を含めた変革が必要です。変革は、コロナ禍におけるパンデミックの環境下では、死活問題となり、変革の必

要性が再認識されたものでもあります。［図2-7］

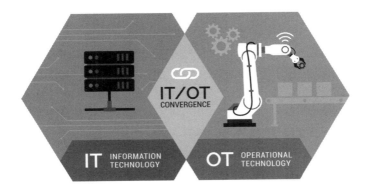

図2-7　IT（Information Technology）とOT（Operational Technology）

　製造業の生産工場など、365日／24時間稼働するラインでは、生産設備を制御するOT技術でコントロールされています。生産ラインの稼働状況、障害の発生状況、保守点検などのメンテナンス状況は、IoTなどの技術により徐々にリアルタイムの可視化やコントロールが可能になってきているのです。このようなOT技術と顧客の需要や受注状況などを担うIT技術の接続により、迅速な意思決定により変化に柔軟に対応することが、顧客の満足度を高め、利益率が向上します。とくに効果は部品を組み立てる組み立て製造業よりも、原材料を混合するような、プロセス製造業で顕著です。

　このためにも、フラットな企業文化のもとで、デジタル技術とデータの活用を担うエンジニアがITとOTを融合し、インサイトに注目し意思決定を迅速に行うことが求められています。

・データ、ノウハウの共有化

　データやノウハウを共有することは、企業文化としてのフラット化を推進し、サイロ化をなくすことに繋がります。インフラ面の変革をクラウド技術の活用と、クラウド技術を前提としたルール作りを全社的に行うことが大切です。クラウド技術は、コスト削減として捉えられるだけでなく、情報共有やコミュニケーションの中心としての役割を定義するべきでしょう。多くの場合、データはスト

レージ内に多く蓄えられているものの、探し出すことに時間と労力が費やされています。組織やチーム内で検索エンジンを活用することで、組織の知識を取得し、過去のデータの蓄積を応用し、ナレッジグラフ（知識グラフ）と呼ばれる手法を活用することで、組織内に蓄えられたデータやノウハウを整理し、データの関連性を可視化します。

　データやノウハウを共有することで、企業、組織内に多くのユースケースが生まれます。それらを繋ぎ合わせていくことで、より多くの価値を生み出す技術の活用ができるのです。

・セキュリティを担保した積極的な分析

　プライバシー保護、セキュリティの保護は企業、組織の義務です。義務に縛られてデータを活用しない、データを生かさないのは、貴重な財産を無駄にしてしまいます。重要なのは、トレードオフと積極的な活用です。セキュリティリスクを担保しながら、いかにデータを積極的に活用し、分析していくかのトレードオフが重要です。企業において、セキュリティはIT部門、法務部門、セキュリティの選任部隊などが担っています。これらのチームを含めて、いかにセキュリティのリスクを回避しつつ、クラウド環境を活用し、活発な情報共有とコラボレーションが可能な環境を構築することが大切です。

　企業文化を醸成し、迅速な意思決定し、データやノウハウを共有できる環境の構築をしていくことが、**データファースト**の企業を作り上げていきます。

第**3**章

AIとトレーニングデータ

AIには数種類のトレーニングデータが使用されている例も多く、また筆者の勤務先のアッペンでは、AI向けに各種多様なトレーニングデータを開発・提供をしています。トレーニングデータが良質で適切であればAIの開発の結果のレベルはおのずと高まり、またそうでない場合は、必要レベルに到達させるための工夫に手間がかかります。またAI開発後も、更新したトレーニングデータで再学習させることも多々あります。本章では、AIの多様さを深堀し、次章でトレーニングデータに迫ります。

3.1　音声認識系AI

音声認識について考えてみたいと思います。音声認識とは人間が話す声の音声をコンピュータに認識させることです。人間の話す言葉が音声として発話される場合、コンピュータからみたときには音声という波形データとして扱われます。波形データを音節ごとに分割し、文字列に変換します。

ハードウェアにできないことは、やっぱりできない

　音声認識は英語で「Audio Recognition（オーディオレコグニション）」、「Voice Recognition（ボイスレコグニション）」です。AIの世界では「自動音声認識 - Automated Speech Recognition（**ASR**）」と呼ばれます。

　音声認識は、キーボードやタッチパネルによる文字入力の代わりに音声を文字に変えて入力したり、ディクテーションとして文字起こしする機能などにも使われます。最近のリモートワークで使われるツールなどでも標準機能として会話音声を文字起こしして、議事録の作成などに使われたりもします。

　音声認識を使い、発話コマンドからアプリケーションやロボットなどを操作することで、音声操作する場合もあります。

　こうした音声操作ではカーナビなどの操作の際、音声による目的地設定や到着時刻確認などができる機能は、以前から実現されていました。運転者と助手席などの主話者と副話者を音声から認識する機能も実現しています。

　スマートスピーカーなどではあらかじめキャリブレーションされた音声の主を特定し、家族のそれぞれの音声から個人認証し、人物に対する情報提供したりします。このような機能が話者認識です。トレーニングデータにおける話者認識は「4.1　音声データ」をご参照ください。

　身近なところではiPhoneなどでメールを打ったり、LINEのトークでテキストを送ったりする際でも、多くの方はキーボードやタッチパネルを使い、テキストを打ちます。マイクボタンを押すことにより音声認識の機能を使った入力も可能です。個人的には、年齢的に画面の文字が見にくくなってきている人は、もっと機能を活用すればいいと思います。なかなか機能は知っていても、普段から使っている人は多くないかもしれません。

　この機能では、iPhoneは意味を理解せずに単に音声を文字起こしして、テキストを入力しているだけです。「まる」という発話や「かいぎょう」という発話はテキストに変換されず、句読点の「。」を入力したり、改行したりして、音声操作がミックスして行われているように見えます。実際は「まる」という音声を辞書登録されている句読点に変換したり、改行という音声を改行文字として表示している操作が行われているのです。

　音声認識に関するトレーニングデータは「4.1　音声データ」で解説しています。

　みなさんの身近にある製品やアプリケーションではどのような活用例があるでしょうか？

3.1.1　音声アシスタント

　身近なところでは、スマートフォンやスマートスピーカー、パソコンなどで使われている各種**音声アシスタント**があります。Amazonは「Alexa」、Googleは「Googleアシスタント」、Appleは「Siri」、Microsoftは「Cortana」などです。音声アシスタントにはフロントエンドでASRが使われています。Alexaはさまざまな家電やリモコン、カーナビなどと連携されているため、音声認識の結果を意味付けし、対応機器をコントロールするのです。照明器具を操作したり、ネットワークカメラを動作させたり、カーナビを操作することなどにも応用されています。これらの音声入力やデバイスが収集するさまざまな音声は、後述するトレーニングデータとしてそれぞれをサービスしている企業にアップロードされているのが実態です。

3.1.2　スマート家電

　Alexaとの連携にとどまらず、多くの家電製品やリモコンなども独自の音声認識機能を備えています。ASRを使うことによって、さまざまなメニューから選択していくような複雑な操作も、簡素化されたボイスコマンドでコントロールしたり、家族の誰かに操作を頼むような文脈で音声による操作が可能です。ここでは音声認識とその後の処理で、後述する自然言語処理などが使われています。なお、自然言語処理に関するテキストデータのトレーニングデータについては、「5.4 テキストデータのアノテーション」で触れます。

3.1.3　カスタマーサービスの強化

　お客様とコールセンターの会話をテキスト情報に変換し、顧客のニーズや対応時状況を分析したりします。音声認識後のテキストデータに対して、感情分析と呼ばれる手法も用いられます。顧客の対応時の状況において、感情がたかぶったときの表現や、感謝の意識を持ったときの状態を抽出し、顧客対応の向上や改善などの施策を実施するのです。[図3-1]

図3-1　コールセンター例

3.1.4　マルチメディアコンテンツの音声文字変換

　動画コンテンツなどに対する字幕生成や、複数話者を認識することによるコンテンツのインデックス生成や字幕などを付与することに利用します。YouTubeやTikTokなどの動画に対して、ASRを使った音声からテキストに変換することによって、リアルタイムにクローズドキャプション（字幕）生成する機能がサポートされています。パワーポイントのプレゼンテーションやTeams、Zoomなどのリモートミーティングのプラットフォームでも同様です。流れる音声をASRのエンジンを使って、リアルタイムに文字起こしするモードもサポートされています。

　ASRでは、音声を認識してテキストに変換するだけでなく、テキストの意味や感情分析などで、特定の単語が持つ意味合いを認識したりするようなプロセスが後段で組み合わされていることもあるのです。単にディクテーションで、音声から文字起こしをする機能では、音声をテキストにしているだけのようにも見えます。実際には単語を認識したり、次にくる単語の選択が、何を選択することが一番これまでの実績で多く選択されるのか？　日本語の場合漢字、ひらがな、カタカナ、記号など何を選択することが好ましいのかなどを計算によって導いています。

・こうしたプロセスにおいてどんな難しさがあるのでしょうか？

　ASRを実行する際、すべての入力となる音声がニュース番組のような整った音声、言語で話されるとは限らなかったり、音声が話される環境もまちまちだったりします。ときには音声収録専用の専用スタジオで録音され、まったくノイズや反響音もない音声もあります。雑音や騒音、他の人の話し声が混ざるケース、会議のように同時に別々の人が話すような場面もよくあるケースです。

　人によって話すスピードも異なるため、ニュース番組のアナウンサーが話す標準語の代表のようなスピード、アクセントもあります。反対に非常に速いスピードで単語の切れ目なく、流れるように話すケースなどもあるでしょう。世代ごとの年齢や性別、出身地などによっても単語のチョイスやアクセント、声のトーンなどさまざまなバリエーションが存在したりします。

　使われる単語の種類や語彙などを考えた場合でも、数十万から数百万の単語を認識しなければならない場合もあります。家電や自動車の車内コントロールなどでは限定的な語彙の辞書を持っていれば十分ですが、一般にはカバーしなければならない音声の状況やバリエーション、必要な単語の種類も異なります。トレーニングデータとしての音声データや文字起こしテキストについては、「4.1　音声データ」で解説しています。

　これらが内部的にどのようなアルゴリズム、モデルを使って実現されているのかを見てみましょう。

3.1.5　ASRの歴史

　ASRは実に50年以上にもわたる歴史があります。

　ASRと呼ばれる以前のテクノロジーに、RADIO REXと呼ばれるおもちゃがあります。1920年代に作られたもので、犬小屋の中に犬がいて、人が犬の名前である「REX」と呼ぶと犬小屋からREXが飛び出してくるというものでした。これは一見ASRのようにも見えます。人が発話するREXという声の特定の周波数を聞き分けて犬が出てくるため、REXと呼ぶ男性の周波数を判別する、周波数分類器を搭載したものに過ぎません。よって年齢層が異なる子供や高齢者、または女性が呼んでも反応しないといった問題もあるものでした。

　1962年にはIBMが開発した「Shoebox」と呼ばれる計算機能を持ったものが発

表されました。0から9の数字と四則計算のような記号などの16の発話を認識し、計算のできるコンピュータです。この年に開催されたシアトル万国博覧会のIBMパビリオンに展示されたもので、当時の靴箱と同じサイズだったことからこの名前が付けられたようです。接続されたマイクから3つのアナログオーディオフィルターを使い、いくつかのトランジスタ部品からなるロジック回路を経由し、数字のディスプレイランプが点灯するものでした。

図3-2　IBM Shoebox（出典：IBM）

　次に、1976年に発表された連続した音声を認識することのできる「HARPY」と呼ばれる発話音声認識システムが作られます。実に当時の金額で300万ドルもの開発費が投じられました。1000の単語が登録され、ルールベースで音声を認識するものです。

　1980年代に入り、統計学のアプローチを用いられます。隠れマルコフモデルという現在でも使われるアルゴリズムが利用されたもので、これは確率的な状態遷移と確率的な記号出力も備えた状態性を表すモデルです。隠れマルコフモデルについての説明はここでは省きますが、興味がある方はググってみてください。この手法で扱える単語数は1万程度で、それまでのアプローチと比較するとかなり扱う単語数は、特定用途に耐えられるものになってきます。

　さらに2010年以降、ディープラーニングの手法が使われるようになります。人間の脳の思考を模したディープニューラルネットワーク（DNN）の手法により、扱える単語数も100万単語を超えるようになってきました。

　ここ数年ではさらにRNNの進化や、**Transformer**（音声認識やさまざまな自然言語処理はこれです）の採用により認識率の飛躍的な向上が達成されています。

　近年のASRでは人間に近い認識率の向上、エッジデバイスのようなカジュアルなプラットフォームでの認識、特定の発話者に着目した音声認識、単一マイクでの会議議事録の作成などが開発されつつあります。

3.1.6　音声認識のパイプラインの変遷（エンドツーエンドモデルへ）

　これまでの音声認識の進化を見てみると、音声信号を文字テキストに変換する技術であるため、音声信号としての発話データが入力となります。

　音声信号は連続的な波形データであるため、まずは**音素**に分解していました。この作業は音響モデルと呼ばれる音声学の専門家が分類した、言語ごとに異なる音素と連続性を表す分類があります。

　音素数は言語により、一説には東パプアニューギニアで話されるRotokasの11音素（5母音音素／6子音音素）。ボツワナ周辺のコイサン語に属する言語が、141音素（子音の数のカウントにはいろいろな分析があるようです）など、大小異なる分類があるのです。英語では44音素（20母音音素／24子音音素）、日本語は24音素（5母音音素／16子音音素/3特殊音素）で成り立ちます。

　それぞれの音声信号から、ある一定区間で発話される音声信号を各音素の記号に割り当てるマッピングは、音声学の専門家が分類した音声モデルによって定義されるのです。

　発話から作られた音声データは、非圧縮のWAVフォーマットや圧縮フォーマットであるMP3などでは、時間領域で音の強さを表すデシベル（dB）で表現されます。音声認識などのトレーニングデータでは、このまま使うことはあまりしません。時間領域から周波数領域への変換を離散フーリエ変換で行い、音声の周波数スペクトルで表現して音素や話者の特徴を周波数特性から判断することで判定します。

　変換された音声の周波数スペクトルから音響モデルを用い、それぞれの言語の音素のつながりに変更され、音素のつながりの情報としてコンピュータへの入力データとして準備されます。

　従来は音素のつながりを**ガウシアン混合モデル**（Gaussian Mixture Model -

GMM）で表していました。その後、**隠れマルコフモデル**（Hidden Markov Model – **HMM**）と呼ばれる、状態の遷移確率をあらわすモデルで音素のつながりの確率を表現するようになりました。現在でも隠れマルコフモデルは使われています。

　言語モデルでは、たとえば日本語だと主語の後の「は」や「を」や「が」などの助詞で、どの助詞の続く確率が高いかを、大量の文章から収集されたコーパスから統計的に導き出した学習モデルです。

　発音辞書では、それぞれの単語が音素表記では、どのように記述されているかというデータが集積された辞書情報を持っています。

　これらの音響モデル、言語モデル、発話辞書の3つのモデルで入力となる音声データを準備します。それらから作られた周波数スペクトルデータをデコードすることにより、音声から文字テキスト情報に変換されるシステムが作られたのです。

　発話スピードが速くなったりすると連続する音素の一部が欠落したりすることもあるため、発話データによっては認識の精度が出なかったりすることがあります。

　そこで音響モデルの部分に、音素の時系列をあらわすHMMと、音素のある一瞬の時間にどの音素の来る確率が高いのかを予測するためにDNNのモデルを使い、HMMとDNNを混在させるハイブリッドモデルも一般的に使われるようになりました。

　その後、DNNの進化でRNNやその後のTransformerのモデルなどの誕生により、大きく様変わりします。音声データから音素へのマッピング、それらの連続データからの文字や単語の予測というパイプラインは少なくなるのです。直接音声データからあてはめられる文字や単語を予測する、エンドツーエンドのアプローチが多くなってきています。

　これらの手法の違いから、ひとつは音声をスペクトルに変換後音素に置き換えて、文字にマッピング、そして単語や文章に置き換えられていくというステップです。もうひとつは直接音声スペクトルをベクトルデータに変換、Transformerのモデルを経て、文章としてのテキストが出力されるという手法も確立します。この違いによりどのような音声データを用意する必要があるのか、どのようなドメインの音声やドメイン固有に使われる専門用語の単語が網羅されているのか？など、トレーニングデータの用意の仕方とラベル付け、文字起こしの基準などの

工夫が大事になってきます。

　言語モデルはディープラーニングの進化やTransformerベースのアプローチの発展により、より大規模化していきます。このあたりは「3.6　自然言語処理系AI」で触れていきますが、どの規模のデータで学習し、必要な大規模言語モデルを整備するかが重要にです。そして出力が人間の納得がいくものであるかを判定するために、学習工程に人の介在する必要性が増してきているのです。このように人の判断をトレーニングデータにどのように介在させるのかが、モデル学習の重要なキーポイントとなっています。とくにGPT-3などをベースとしたTransformerを生かしたモデルでは、大規模言語モデルの学習はラベルなし、つまり教師なしデータとして学習されます。その分、その学習データに対して、人間のフィードバックをもとに強化学習をする流れが、新しいトレーニングデータのトレンドとなりつつあるのです。

3.2　機械翻訳系AI

3.2.1　機械翻訳とは

　機械翻訳（Machine Translation - MT）と似た言葉に自動翻訳（Automatic Translation）があります。機械翻訳は、ある自然言語をコンピュータが別の自然言語に翻訳することを指し、自動翻訳は多くの場合、音声翻訳、音声自動翻訳を指します。この場合は音声を翻訳し、翻訳後の言語を音声で出力することを意味します。一連のプロセスでは、前節で述べた音声を音声認識によってテキストに変換。テキストを機械翻訳し、他言語に変換後、テキストを音声合成技術によって、音声に変換するプロセスです。言語も多種多様なため、多くのトレーニングデータが使われています。

3.2.2　機械翻訳の歴史

　機械翻訳の歴史は非常に長い物で、試行錯誤の繰り返しで、近年のディープラーニングの進化によって飛躍的な進歩を遂げたものの、現在でもまだ日々進化している途中です。

　機械翻訳の起源には、17世紀に遡るフランスの数学者ルネ・デカルトによる多

言語間の同意語に単一記号を割り当てる普遍化の手法や、1933年のピーター・トロイアンスによる発表があります。どちらも画期的なものとしての評価はされませんでした。

　その後は1954年の米国ジョージタウン大学とIBMの共同実験です。冷戦状況下でもあり、IBMのコンピュータを利用し、ロシア語の60文が英語に瞬時に翻訳されたというものです。機械翻訳の関心は高まったものの、実用性という観点ではまだまだ高い評価は受けておらず、産学連携での開発には程遠いのが現実でした。

　こうした機械翻訳の進化にはいくつかの手法を模索してきた歴史があります。

3.2.3　ルールベース翻訳

　1970年代に入ると、**ルールベース機械翻訳**（Rule Based Machine Translation - RMT）が、多く使われる手法となりました。ルールベースの手法では、開発者が定義した登録済みルールを使うことで、さまざまな言語の原文を分析し、訳文を出力します。膨大なデータベースがなくても利用できる一方、ルールが多く、複雑な依存関係があるため、ルールの再定義や修正によって大きく精度が変わってきます。ルールは、文法のようなものであるため、言語ごとに定義する必要があり、徐々に他の手法に置き換わっていきました。

3.2.4　統計的機械翻訳

　統計的機械翻訳（Statistical Based Machine Translation - SMT）は、コンピュータにトレーニング用の対訳データを入力、統計モデルを学習、翻訳済みの文を出力します。対訳データのことを機械翻訳では**コーパス**と呼びます。コーパスという言葉は言語学でも使われます。言語学におけるコーパスは、自然言語の研究に使われ、文章を構造化し、大規模に集積したものです。機械翻訳におけるコーパスは対訳データから統計モデルで学習するため、言語の構造や意味、利用頻度、ネイティブ話者の使う言い回しなどの自然な表現などが網羅されています。

　コーパスという仕組みは言語間共通であるため、ルールベースのように言語ごとの別々の仕組みが必要ありません。登録する対訳のデータには、固有ドメインで利用される単語や学術系、固有名詞なども登録できるため、ある程度の専門分野の対応も可能になっています。しかしコーパスの充実やコンピュータの計算リ

ソースのコストなどから、徐々にAIを利用した技術に移行しているものの、まだまだ利用されている技術です。音声認識のところで触れた、隠れマルコフモデルも、統計的機械翻訳の重要な計算式のひとつです。現在でもまだまだ利用されていて、機械翻訳を体系的に学ぶためにも重要な手法のひとつだと思います。

3.2.5　ニューラル機械翻訳

　世界的に見ても機械翻訳の大きな飛躍は、Google翻訳（Google Translation）の登場にあったと言えるでしょう。そして今日でも使われ、コンピュータやスマホの翻訳でも多くの日本人は、機械翻訳イコールGoogle翻訳という概念の方も多いでしょう。Google翻訳も2007年当初は統計的機械翻訳エンジンを使い、約200億語から成り立つコーパスを用い、国連の文書類と国連の翻訳者による訳文から類推するシステムによるものでした。その後ニューラルネットワークを用いたAIモデルへと発展します。
　その後、

・RNN（Recurrent Neural Network - 日本語では再帰型ニューラルネットワークと呼ばれる）
・RNNの発展系であるLSTM（Long Shoart-Term Memory）
・GRU（Gated Recurrent Unit）
・Bi-directional RNN（双方向RNN）

などが登場します。
　そして、Attention機構やTransformerの登場により大きく進化します。これらのモデルの変遷は常に機械翻訳における単語のつながり、意味の関連性、単語数が増えていったときに前後の関連性をどう追うのか？　といった初期のDNNからの課題に順次答えていった歴史です。こうした進化がごく数年の間に起こってしまうのも、近年のAI開発者たちの創意工夫と、それらの研究に対する投資と重要性の認識によるものだと思います。これらのモデルについては後ほどご説明します。

3.2.6　機械翻訳システム例

・Google翻訳

　2016年に発表されたGoogleによる、**GNMT**（Google's Neural Machine Translation System: Bridging the Gap between Human and Machine Translation）は世界に衝撃的なインパクトを与えました。後の機械翻訳の進化を牽引していると言ってもいいと思います。この論文のアーキテクチャが同年の2016年にGoogle翻訳に実装され、これまでの統計的手法やフレーズベースの機械翻訳エンジンから置き換わっています。リリース直後は英語とそれ以外フランス語、ドイツ語、スペイン語、ポルトガル語、日本語、中国語、韓国語、トルコ語の8つの言語に対応しました。その後順次対応言語が追加され、2022年5月現在133言語に対応しています（Google検索で英語の自然言語形式で検索した結果です。きっと正しいでしょう）。

　GNMTではこれまでの課題であった、検索に時間がかかる、誤訳が多い、未知の単語に弱いといった問題を解決したことでも優れています。

　それまでの手法では非英語言語間での翻訳の際に、一度英語に翻訳して、さらに他言語に翻訳していたものを、ゼロショットと呼ばれる手法で直接翻訳する手法に変更したこともひとつの特徴でした。

・DeepL（世界一と言われる機械翻訳エンジン）

　最近、さまざまな場面で使われるようになり、とくに口語文や方言などに高い精度であると言われている機械翻訳エンジンであるDeepLです。DeepLは2017年に発表された機械翻訳のエンジンで、ドイツのケルンが本社の企業です。Linguee社が前身で、元々は翻訳検索エンジンを開発していて、オンライン辞書を公開していたりしたことなどからも、多くの言語の文章やコーパスなどを元々所有していたことが窺えます。[図3-3]

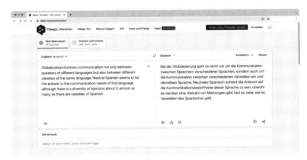

図3-3　DeepL（DeepL社pressサイトより）

　2022年9月時点ではテキストからの変換で26言語、650以上の言語ペアをサポートしてます。ユーザー設定による用語集を使えば、会社名、製品名などの固有名詞や契約書などの法律関係の用語、技術文章などの単語の訳も好みの単語をセレクトできます。日本語文章には対応していたものの、しばらく日本語の用語集がなく、筆者も残念に思っていましたが、2022年5月からは日本語の用語集にも対応し、非常に使い勝手が良くなりました。プロの翻訳者による、どの機械翻訳システムが優れているかを比較するテストも行われています。Google、Amazon、Microsoftなどと比較しても、約3倍の頻度で優れているとされています。とくに日本語のように漢字、ひらがな、カタカナが混在するような文章でもきちんと使い分けをすると言われており、筆者が業務で利用する観点から見てもかなり使い分けできている印象があります。

　単純にテキストからの翻訳だけでなく、PDF、Word、PowerPointの各ファイルからも直接翻訳し、それぞれのファイル形式で保存することも可能です。無料版も用意されているため、5,000文字までのテキスト翻訳や、1ヶ月に3ファイルまでのファイル形式の翻訳（編集は不可）に対応し、また10個の用語ペアも扱えるため、無料版でもさまざまな場面で試用できると思います。

・日本のNICTの成果物

　総務省と国立研究開発法人情報通信研究機構（NICT〔エヌアイシーティー〕）は、世界の「言葉の壁」をなくすことを目指す2014年4月から開始されたグローバルコミュニケーション計画を推進しています。当初2020年に予定されていた、東京オリンピック（COVID-19により2021年に無観客開催）を目標としていました。そして、2025

年に予定されている大阪万博などに向け、音声翻訳とテキスト翻訳の研究・開発・社会実装を進めています。2017年6月からはニューラル機械翻訳技術の導入も始まりました。

　成果物として、31ヶ国語に対応した音声翻訳アプリの**VoiceTra**や、最先端の文字ベースの自動翻訳システム**TexTra**があります。

　VoiceTraはiPhoneやAndroidのアプリとして公開されていて、無料で利用できます。個人の旅行を想定しているため、旅先や病院、駅などの場面で多言語話者同士がアプリをそれぞれ使い、特定の言語で会話することを想定。設定を変更すれば、自分の言語を日本語以外にできるので、外国語が母国語の方も利用できると思います。音声翻訳といいつつも、テキストで入力したり、テキストの翻訳結果も表示されるので、状況に応じて使い分けられそうです。[図3-4]

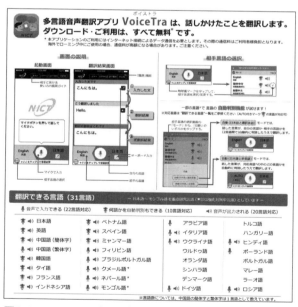

図3-4　VoiceTra（NICT）

　TexTraは「みんなの自動翻訳@TexTra」と呼ばれ、ユーザー登録は必要なものの、無料で利用できます。DeepLは民間企業が開発しているテクノロジーであるのに対し、TexTraは公的機関が開発。官公庁等のトレーニングデータのみな

らず、多くの企業や組織が、公共性からさまざまなドメインからのデータを提供し、日々学習を続けているという点も特徴のひとつだと思います。ユーザー登録といっても、メールアドレスや氏名などの個人情報を提供することはないようです。一時に大量のデータがアップロードされて、サーバーに極端な負担をかけないようにユーザーIDとパスワードの登録が必要となり、ユニークなユーザーを特定するための登録となっています。DeepLが26言語でヨーロッパ系言語のカバレージが強いのに対し、TexTraは31言語を網羅し、多くのアジア系言語をカバーします。

　TexTraは単にテキストによる翻訳に限りません。Word、Excel、PowerPoint、Outlookなどのアドインの他、FireFox、Thunderbird、Chromeなどの各ブラウザ用のアドオンも用意され、ブラウザに表示された内容の翻訳や辞書引き機能も提供しています。

　TexTraにおいても、翻訳の精度は**トレーニングデータの量と質**が大切だと言われ、翻訳の精度はトレーニングデータの量と質を超えないと言われています。ディープラーニングを用いた機械翻訳においては、いかに多くの入力となる訳文の対を用意できるかと、翻訳の確かさ、いかに苦手を排除するのかという点が重要です。このあたりは次の章で触れていきたいと思います。

　ここでDeepLとNICTの例に触れました。実は日本国内のプロジェクトでは我々もトレーニングデータのプロジェクトに参画しており、データの量を収集する必要性と言語のバリエーションと多様性、データの質に対する重要さを日々実感しています。それもあってみなさんにもNICTの活動や成果物を知っていただければという思いもあり紹介しました。

　総務省とNICTは自動翻訳の高精度化に必要なデータ収集を目的とする「**翻訳バンク**」を立ち上げ、中央官庁、地方自治体、企業、各種団体から自動翻訳の高精度化のためにデータを集めて活用しています。機械翻訳としては翻訳バンクに提供されている大量の翻訳データペア（原文と訳文）をサーバーに格納し、大量の**GPGPU**（GPUコンピューティング - GPUの画像処理以外での利用）で、学習を進めています。

　研究成果を試すという意味でVoiceTra, TexTraは無償（非商用利用）で公開されていますが、営利目的での場合は、有償でライセンスしています。ポケトークで知られる旅行用のポータブル翻訳機の一部にはVoiceTra技術が利用されています。TexTraの技術はLinux Foundation Japanにも提供され、オープンソー

スソフトウェアの開発者にも公開しました。ソフトウェアの開発者は自動翻訳エンジンを活用でき、アウトプットされたデータは、「翻訳バンク」にフィードバックされ、追加学習を行っていきます。

・字幕、文字起こし機能

　これら機械翻訳のモデルは、さまざまなアプリケーションにも実装されています。ひとつはリモートミーティングのインフラであるMicrosoftのTeamsやAdobe Premiere Pro 2021、PowerPoint CCに文字起こし機能が実装され、翻訳機能はTeams、Zoomなどでサポートされています。

・BLEU機械翻訳に使われる指標

　機械翻訳の評価に使われる指標に**BLEU**があります。Bi-Lingual Understudyの略です。翻訳というのは正解がひとつではなく、まだまだ現状では人間の翻訳のプロには機械翻訳もかなわない部分が多いものです。解釈によっていくつかのパターンがあるというのも翻訳の特徴で、BLEUはこれらをうまく表した指標であることから、多くの機械翻訳に使われるモデル、アルゴリズムの評価に使われています。

　正解として比較されるのは、プロの翻訳者の訳であり、訳としての正解は複数パターンの場合もあるため、複数の正解を用意します。数式による計算で、正解との一致度で計算。最終的なスコアは100点満点で表され、40点以上のものは高得点と言われています。

　しかし万能とは言えない部分もあり、いくつかの欠点もあります。

- **類義語を使った場合、加味されない**：字面しか評価しないため、類義語が使われても加味されなかったり、否定の意味が含まれ、翻訳文が真逆の意味であっても高いスコアが出る場合もあります。
- **語順が加味されない**：いくぶん不自然な語順であっても、内容が変わらない場合は高めの点数の出る傾向があります。人間が読んだときの可読容易性はあまり加味されない傾向にあります。
- **言語ペアにおける評価の妥当性**：よく使われる言語ペアと、そのBLEUスコアの妥当性がきちんと評価されているとは言えません。言語構造の異なる言語ペアにおいては、人間の評価とBLEUスコアの評価が乖離する傾向にあります。そもそも翻訳に対する困難度に直結すると思います。

　スペイン語とフランス語のように元々がラテン語起源の派生系の言語と、ドイツ語、英語のようにラテン語から文法や語彙に大きな影響を受けた言語とは、類似性や翻訳のしやすさとして、同じ集合体として考えられる言語分類であると思います。

　その一方、日本語や韓国語などはラテン語起源やラテン語に大きく影響を受けた言語とは、言語構造が大きく異なります。翻訳の精度や、困難さ、評価の指標に違いが見られることは明らかです。一般的にGoogle翻訳がポピュラーになってきた当時、ホームページなどのローカライズにGoogle翻訳が使われました。ヨーロッパ圏やアメリカなどでは、さほど翻訳結果に違和感がなく、さまざまなローカライズに使われました。日本語や韓国語などでは、翻訳結果が明らかに受け入れられにくい文章表現でした。

　しかしBLEUは多くのAIモデルの評価指標に使われているため、目安としての指標やモデルの一般的な実力を図るためには十分な指標ではないでしょうか。

・機械翻訳に使われるAIモデル

　以下に、代表例を挙げます。

①RNN

　それまでのDNNと異なり、入力データや出力データが独立しているという考え方に基づき、画像認識などにも使われていました。機械翻訳や自然言語処理では入力データが文章です。このとき、インプットが単語で表現されます（単語そのものが入力されるように表現されることも多いのですが、実際にはOne Hot Vectorと呼ばれる単語のリスト番号です）。このとき前の単語が何だったのかを記憶するため、中間層の演算結果を出力します。次の入力が代入される中間層の演算に、合わせて前段の中間層のデータも入力して、前の単語の次にくる単語確率などの重み付けを計算させてあげる仕組みで実現しています。この考えに基づき、単語の並びから語順とともに時系列も扱えることが特徴です。

　ただし、文章が非常に長くなるような場合には、ネットワーク階層が深くなりすぎてしまいます。勾配損失と呼ばれる逆伝搬の学習時に勾配が無くなってしまったり、重みが発散したりしてしまい、学習が進まなくなる問題もあります。よってある程度の単語数の文章までしか精度良く扱えないという問題がありました。現実的には10ステップ程度が限界です。

②LSTM（Long Short Term Memory）

　1997年にLong short-term memoryの論文で発表されたモデルです。これまでのRNNで時系列を扱う際、単語数が増えたときの重みの発散、消失の問題を解消し、長期間にわたる時系列の依存性を学習できるように改良したものです。RNNの中間層のユニットをLSTMブロックで置き換えたもので、データの重みを1でループさせて記憶したり、入出力ゲートの学習により、正しいゲートのみを通過したりするように工夫されています。これにより1,000ステップ以上の過去の状態を記憶できるモデルです。ただし、重みを1でループさせていることから、外れ値やノイズも溜め込み、大きな状況の変化に対応できないなどの問題点を抱えていました。

　問題点を解決するため、2000年の「Learning to Forget：Continual Prediction with LSTM」という論文が発表されます。忘却機能付きLSTMという手法で問題を解消しています。この仕組みにより、忘却ゲートの値に応じて、記憶セルの値をリセットすることが可能です。文章だけでなく動画解析、音声認識などでも時系列をうまく利活用されています。

③GRU

　2014年の「Learning Phrase Representations using RNN Encoder-Decoder for Statistical Machine Translation」で発表された、RNNの問題点を改良したゲート付きのRNNです。LSTMに似ていますが、出力ゲートを欠くため、パラメータが少ないものです。パラメーターが少ないためLSTMの計算コストが高く、GRUでは計算コストが少なく済むという特徴があります。

④Bi-directional RNN

　通常、RNNでは文の最初から最後の単語に向けて学習していくものを、文末の最後の単語に相当する部分から、最初の単語への学習を進められるようにRNNを2つ組み合わせた手法です。

⑤Attention

　Attention機構は機械学習や自然言語処理に限らず、CNNによる画像処理にも利用されます。2014年の「Neural Machine Translation by Jointly Learning to

Align and Translate」で発表されたものです。その後の革新的なTransformerの肝にもなっている考え方です。論文中にはAttentionという言葉は出てこず、soft alignや soft searchという言葉で表現されています。訳文に登場する単語が原文どの単語から来ているのか？　を利用する仕組みがAttentionです。この仕組みにより、言語による微妙な語順の違いや名詞に男性名詞や女性名詞があるフランス語のような言語での冠詞の選択にも、Attentionの仕組みが利用されます。いくつかの選択の中から取りうる冠詞を正しく選択できるようになっています。

⑥GNMT

　Google翻訳のところで触れた2016年に発表されたモデルで、8層のLSTMを持つエンコーダー、デコーダーモデルです。Attention機構と、Residual Connection（残渣接続）と呼ばれるネットワークを持つのが特徴です。Residual Connectionは層を飛び越えた接続で、勾配消失を回避する効果があります。BLEUスコアでは英語とフランス語で39.9、英語とドイツ語で24.6のスコアでした。

⑦Transformer

　2017年の「Attention Is All You Need」の論文で発表され、機械翻訳に大きなインパクトを与えたTransformerと呼ばれるモデルです。もう今や機械翻訳は、イコールTransformerといってもいいくらいの衝撃を与えたモデルです。論文では機械翻訳の指標として利用されるBLEUで、英語とドイツ語の翻訳で28.4、英語とフランス語の翻訳で41.0です。これまでのベストスコアを記録しました（BLEUは40点以上が高品質とされています）。

　Transformerはエンコーダーとデコーダーから構成され、Multi-Head Attentionと呼ばれるSelf-Attentionを並列化したものです。Self-Attention機構により、1文の中の単語が他の単語との関連性を関連度合いのスコアとして持たせています。Self-Attention機構が並列で処理されるのが特徴です。

　そして、もうひとつの特徴は、「Position-wise Feed Forward Network」と呼ばれる層がエンコーダーとデコーダーのそれぞれにあります。この機構により文中の単語ごとに独立して順伝搬するのです。単語間の影響を受けずに並列処理ができるため、高速な処理ができ、層間の重みは共有されます。

⑧BERT

　BERT（Bi-directional Encoder Representations from Transformers）とあるように、Transformer技術を利用したものです。非常に大量のトレーニングデータが使われており、自然言語処理ではBERTで決まりといってもいいほどで、2019年の10月からはGoogle検索にも使われています。日本語の検索にも2019年12月から対応し、2020年10月にはLEGAL BERTと呼ばれる法律用語に強いモデルも発表されました。

　BERTにより長文による検索精度が高くなったため、多くの言語ユーザーは、もはや検索の入力窓に調べたい内容を、普通の文章で入力することが一般的になっています。しかしGoogle検索の日本語入力では、依然としていくつかの単語をスペースで区切って入力しているため、Googleからは日本人が検索下手だとコメントされたりしています。BERTはTransformerを利用していることと、双方向な構造が特徴です。双方向性によって、文が長くなった場合でも、単語の依存関係を理解できます。

　また本書では触れませんが、**GPT**（Generative Pre-trained Transformer）で紹介されたPre-Training（**事前学習**）とFine-tuning（**ファインチューニング**）の手法があります。BERTではmasked language model（MLM）と呼ばれる事前学習タスクです。MLMは部分的にマスクされた単語を、それ以外の入力データから学習で類推することにより、マスク部を予測する事前学習を実施しています。このことにより双方向性から事前学習することで、同じテキストの単語が、異なる意味で使われるケースを別ベクトルとして捉えることを可能としています。

3.3　画像認識系AI

3.3.1　画像認識とは

　画像認識とはどのようなものか、画像認識の仕組みや機械学習、ディープラーニングによる画像認識の進化を見ていきます。

　みなさんが画像認識として思い浮かべるのは、どのようなものでしょうか？身近なところでは**2次元バーコード**や**QRコード**［図3-5］などで商品情報を読み取ったり、電子決済でQRコードによる支払いや決済をしたりしますね。宅配便

や郵便の不在通知からQRコードを読み取り、再配達手続きをしたりというのは、かなり身近な画像認識の使われ方かもしれません。企業のホームページや各種申し込み、手続きの情報を入力する画面への導入もQRコードを読み取ることが多くなりました。URLを打ち込んだり、コピペすることなく、そのまま必要なランディングページに導かれたりすることがほとんどになっていると思います。

図3-5 バーコードとQRコード（デンソーウェーブホームページより）

バーコードはウィキペディアによると、1949年にドレクセル大学の大学生バーナードシルバーと、ノーマンジョセフウッドランドの二人が発明し、1952年に特許を取得したものだそうです。1967年にアメリカの食品チェーン店がレジの行列を解消するために実用化されたものです。QRコードは、バーコードで可能な情報量が足りなくなってきた時代背景から1994年に、株式会社デンソーウェーブによって開発されました。2000年にはISO/IEC規格に、2004年にはJIS規格にもなり、世界中で利用される画像認識のテクノロジーのひとつになっています。

もうひとつ身近なところでは、Androidのスマートフォンで多く採用されている生体認識のひとつである指紋認証も、指紋を画像として捉え認識する画像認証の一例です。iPhoneで使われる顔認証のFace IDも、画像認識を利用したシステムのうちのひとつです。

画像認識に使用されるトレーニングデータは、人物画像も多数含まれるため、プライバシーに配慮したうえで、しっかりとアノテーションがされていなければなりません。

・AppleのFace IDによる顔認証

より画像認識の理解を深めるために、AppleのFace IDによる顔認証がどのように行われるのかを少し見てみましょう。

　Face IDを実現するために、iPhone Xから登場したnotchと呼ばれる切り欠き部分に、TrueDepthカメラシステムと呼ばれるシステムが搭載されています。一連の顔認証をこのシステムで実現しています。TrueDeptchカメラシステムには内向きのインカメラをはじめとして、

・ドットプロジェクタと呼ばれる赤外線を照射して点を認識するもの
・光の量を感知して、周囲の暗さや明るさを認識する環境光センサー
・顔などの認識すべき物体がどのくらいの距離にあるのかを判定し、赤外線を照射して判定する近接センサー
・インカメラでは撮像できない赤外線を受け取る赤外線カメラや、そのための赤外線を照射する投光イルミネーター

などから構成されています。

　これらの個別のセンシング技術を使い「認識すべき顔という物体が近づいてきたのかという判定」「赤外線による顔や顔のパーツなどの深度情報から計測される3次元の形状の判定」「インカメラによる顔画像の生成」を行っています。

　インカメラの顔画像の情報からは、顔の中のパーツ形状や色についての情報を得て、顔としての画像認識を行っています。

　さまざまなセンシング技術により収集された深度から読み取った立体形状、インカメラから作り出したRGBのカラー画像情報、赤外線カメラによる暗部でも判定可能な情報を、ニューラルネットワークで計算するBionicとネーミングされる専用チップで判定処理が行われています。

　筆者は以前、半導体の設計ツールの業界におりました。本書を執筆している2022年9月に発売されたiPhone 14 Proに搭載されるA16 Bionicチップは、4nmプロセスを使って製造され、160億個以上のトランジスタを搭載しているとのことです。4nm、よく製造できているなとか、どのくらいの歩留まりなんだろうとか考えてしまいます。

　このように非常に身近な生活の中でも活用されていると実感いただけるのではないでしょうか？　ここでもう少しさまざまな画像処理、画像認識を見てみたいと思います。

3.3.2　画像認識のタイプ別カテゴリー

　画像認識もタイプ的にいくつかのカテゴリーに分類できます。

　ひとつは認識する物体が何であるかを認識したり、物体の状態を判定するもの、もうひとつは物体の位置を検知するものなどに分類されます。

　物体が何であるかを認識するものは、Googleレンズのように撮影したものの名称や情報を検索しようとするものです。顔認証による特定の個人を認識したり、名所旧跡や絵画などを認識して、何かの説明を付加したりするものもあります。**AR**（Argumented Reality）の技術もQRコードのようなコードの認識から、現実世界にデジタルの映像を投影したりします。撮影した立体画像にデジタル映像を位置合わせして投影するのもこの領域に位置付けられるものです。

　状態を認識するものに関しては、製造業の製造過程や品質チェックの過程における良品、不良品などの可否判定。経年劣化による劣化具合や、対象物の状態を画像から判断するような状況の判定などに使われるものなどがあります。

　カテゴリーの物体の位置を検知するものでは、人間の位置や動作を判断したり、危険な位置に人が入り込んでいないかを判定するもの、熟練作業者の動作・作業効率などを数値化して判定するようなものなどが挙げられます。2023年、2024年に予定されている労働基準法の改正により、建設業における時間外労働の上限規制などが行われます。これに備え、建設業各社でもAIを駆使した作業現場での労働状況の把握や認識を、画像認識を利用した手法で行おうとする動きもみられます。

3.3.3　画像認識に関わる技術

　画像認識に関わる技術もここ数年で大きく進化しています。判定の基準をある程度人間が分類したり、考え、判定に用いられるアルゴリズムを人間が選択し、判定に必要な特徴量を人間が設定する機械学習の手法。多くの画像データをトレーニングデータとして用意し、特徴点の生成や判定条件の基準などもある程度力技で作り上げていくディープラーニングの手法は、それぞれの領域で向き不向きがあります。

　向き不向きのポイントには、

・認識のための基準が明確かどうか？

・基準が不変で一度基準を策定すると変える必要がない基準かどうか？

・画像認識のための特徴点が多いか少ないか？

・どこの特徴点で見分けるかが明確か？

・分類するカテゴリー数がずっと一定か、増減があるかないか？

などが挙げられます。画像認識に用いられるトレーニングデータの詳細は「4.2 画像データ」をご参照ください。

　一般的に人間が分類の基準をある程度理解でき、「どのアルゴリズムを使えば分類可能か」「基準を一度策定するとしばらく一定期間の運用が可能か」「特徴点がある程度の数まででどんな特徴点か」を人間が認識できるような場合は、従来の機械学習のアルゴリズムで分類する方が効率的で精度もよく、運用も容易なケースもあります。

　これらの機械学習（ルールベース）のアルゴリズムには以下の表のようなものがあります。

表3-1　機械学習（ルールベース）のアルゴリズム

教師のある／なし	アルゴリズム
教師あり	ディシジョンツリー（決定木） ランダムフォレスト ロジスティック回帰 サポートベクターマシン ナイーブベイズ
教師なし	クラスタリング

　機械学習（ルールベース）と**ディープラーニング**は何が違うのかの理解は、なかなか難しいと思います。簡単にいってしまえば、AIとは分類などの精度を上げるために最適な関数を見つけ、必要なパラメータを決めてやることだと言えます。ある程度人間がこの関数が最適で、パラメータは学習によって求めるというのが機械学習のアルゴリズム（モデル - 計算式）です。簡単には求められない複雑な多次元関数である場合、最適な多くのトレーニングデータを与えてあげることにより、CPU／GPUに最適解を求めてもらうのがディープラーニングなのです。

　光学文字認識（**OCR** - Optical Character Recognition）も、近年さらにディー

プラーニングによって、需要や進化が進んでいる分野でもあります。プリンタ複合機や専用スキャナを使いドキュメントの画像への変換やPDFに変換することは、すでに日常のプロセスになってきています。文字認識の技術を使い、記載されている文字や数字をデータとして認識。それを編集可能な状態としたり、データをExcelやWordのデータに変換するのも、ビジネスシーンでは日常的に行われています。

　COVID-19によるリモートワークの増加や、オフィスへの出勤が難しくなったことで、DocuSignや電子契約も増加しました。契約書を電子化し、内容のチェック、署名・捺印などをリモートで行うことも増えています。請求書も紙や郵送で受け取ることなく、クラウドを使った請求書処理においてもOCR技術は欠かせないものとなってきています。

　デジタルデータの活用という観点からも「注文書の受領」「受注処理」「納品」「請求」「支払い代金の回収プロセス」を**RPA**（Robot Process Automation）で行うことも増えました。書面やPDF、受領メールに記載されている顧客や注文、納入先に関する情報の必要な部分を認識します。ERPへの入力、自動メール送信、受注情報、納入情報などを自動入力する業務効率化も進んでいます。

　RPAはもちろんAIの進化に伴い、それぞれの部分の認識率が高まったとしても、純粋に全体のワークフローを100％自動化することはなかなか難しいです。すべてを人手で行うことよりは受注情報のある程度の自動入力や、帳票からのデータ入力、顧客返信メールのドラフト作成などによる業務効率化は大きな自動化と言えます。

　筆者も、日本企業ではいまだにFAXによるやりとりが行われていることを海外のビジネス関係の人と話すと「冗談だろ？」と言われることばかりです。いまだに新規取引にFAX番号を聞かれたり、官公庁ではFAXが多く使われていることなどを見ると驚きを隠せません。

　それでもFAXのデータをOCRにかけて、デジタルデータ化することは有効な手段だと思います。きっとFAX送信元もパソコンでデータを打ち込み、プリンタで紙に印刷し、FAXを送信したりするのですから、この業務のために残業をしたり非常に効率の悪い国なんだと思ってしまいます。

3.3.4　ディープラーニングにおける画像認識の特徴

　ここからは、ディープラーニングにおける画像認識の特徴を見てみましょう。

　ディープラーニングは日本語では深層学習と言われます。層が深く、学習するのが呼び名から読み取れます。英語ではDeep Layer Learningとは言わないのに、日本語では深層学習と呼びます。

　ディープラーニングは、たとえばWikipediaでは、狭義な意味で4層以上の多層の人工ニューラルネットワークによる機械学習手法、2層では単純パーセプトロン、3層なら階層型ニューラルネットとされています。入力層、出力層と中間にある隠れ層または中間層（Hidden Layar）と呼ばれる層構成からなり、それぞれの層中にはノードと呼ばれる脳の神経細胞のようなもの（ニューロン）から構成され、ノードの中はディープラーニングとしては変数として定義されます。

　ネットワークと呼ぶだけあって、それぞれの層に含まれるノード（変数）は前段と後段とが相互に接続され、接続の線がネットワークを表しています。ネットワークが人間の脳ではシナプスと同じ働きをしていて、ネットワークを接続する線は、場合によって細い線や太い線で表されることもあり、太さは重み付けを表しています。重みを決めるための計算は、それぞれの入力値を足し合わせています。これとは別に入力値に関わらず、一定の数値が加わることをバイアスと呼び、前段から後段へバイアスも加味した計算結果を次の変数に渡します。ここにさらに活性化関数の計算を加え、確率の傾向を増強する計算が間に挟まれます。

　活性化関数にはステップ関数やシグモイド関数、ReLu関数と呼ばれるものや、tanh関数やSELU関数などもあり、それぞれ、0から1の数値を表すものであったり、-1から+1までの数値を非線型で表す関数だったりします。これらは最終的な出力が確率であるため、0〜100%の数値で表すため、確率の低いものはずっと低く、確率の高いものはなるべく高い数値に計算するためのものです。シグモイド関数には勾配消失という問題があり、学習の過程で影響度が停滞してしまうという現象であり、一時のディープラーニングの大きな課題でした。一方ReLU関数は勾配消失が起こりにくく、計算しやすいという特徴からよく用いられる活性化関数です。[図3-6]

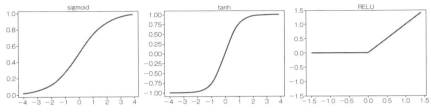

図3-6 活性化関数の例

　トレーニングデータによる学習でなぜディープラーニングはより学んで精度が高くなっていくかという点では、Back Propagation（誤差逆伝播）という手法が採られています。一旦計算させた出力結果とトレーニングデータが持つ正解データとの誤差を最小にするため、各ノード間で使われている重みの数値を増減させて微調整していくことを意味する。最終的には全ノード間の重みwの値を最適化すればいいのですが、入力層に近い1層目の重みを変えると後段のすべての数値が変わってきてしまいます。出力層に近い隠れ層から順次誤差が最小になるようにすることが、ディープラーニングの学習の要素です。誤差と重みの関数グラフの傾きが右上がり、左上がりと勾配が大きい場合、勾配をなくし、誤差最小の重みとなる値に最適化していくことです。

　シグモイド関数につきまとう勾配消失問題というのは、学習が停滞してしまう、つまり勾配がなくなると最適化が進まないとわかると思います。

　画像認識に当てはめて考えてみると、入力した画像が猫なのか、猫以外なのかを判定するパイプラインと考えてみます。入力が猫の画像、出力が猫である確率を考えます。10枚の画像を読み込んだとすると、それぞれの10枚の画像がピクセルデータでベクトル（行列データ）として読み込まれる。そして中間の隠れ層の中で特徴点を認識し、最後の出力層には変数0から変数9までの画像に対応する変数に、猫である確率を99.2%や0.3%のような値で返してきます。実際の内部変数の値は0.992や0.03のような数値が出力です。

　ここではアルゴリズムの詳細な説明は省略します。重要なのは入力データが画像であっても、言語のような単語のデータであっても数値や行列として入力されることです。特徴点を学習によって作り出し、特徴点に合致する度合いをバイアス関数や重み付けを決めていく関数によって計算を繰り返す。数値が高いものは高い数値を維持し、低いものは場合によっては0とみなし、最後の出力層の各変数に確率の数値を出すというのが全体的な流れです。

　機械学習のルールベースのアルゴリズムでは、特徴点は人間がパターンを決めてあげることも多くあります。ディープラーニングでは、モデル（多段の計算式、言い換えると関数とパラメータから導き出される行列計算）によって、認識に必要な特徴点を学習によって事前学習のデータからパターンを見つけ出します。よく機械学習はルールベース、ディープラーニングはブラックボックスだといわれるのはこのためなのです。ディープラーニングでは隠れ層の中で数段にわたって作られる特徴点のフィルターに当たる部分は、途中のデータを抽出して中身を見てもあまり人間が理解できるものではありません。閾値計算に必要な数値ベクトルの集まりをフィルターと呼んでいるだけです。このフィルターを実際に画像としてRGBに照らし合わせた画像を見てみたとしても、3×3ピクセルのフィルターなどは何を表しているのかわかりません［図3-7］。28×28ピクセルのフィルターなどは、なんとなくここ耳っぽいとかここは猫の目、鼻っぽいと見分けられることもあります。しかしフィルターでどのような重み付けや判定しているか、なかなかわからないことがブラックボックスと呼ばれる所以です。

図3-7　3×9 CNNフィルターイメージ

　この概念をもう少し理解したい方は、まずは英語の／（スラッシュ）と、スラッシュを左右逆転した形のものに（バックスラッシュ）を3×3ピクセルの白黒画像で見分ける例や○とXを見分ける例、また0〜9までの手書き数字を識別するMNISTという例を参考にしてみてください。

図3-8　mnist（The MNIST DATABASEホームページより）

　mnistはよくAI学習などにも用いられています。0～9までの手書き文字画像が7万枚用意され、そこには0～9までのどれなのかがラベリングされています。**データセットは無料でダウンロード**でき、6万枚がトレーニング（モデル作成用）、1万枚がテスト用（6万枚を使って作成されたモデルが、別の1万枚のテストデータを使って同様の精度が出るかの評価用）として用意されています。[図3-8]

　数字10個をクラスに分類するために、1クラスあたり7,000の手書き画像で学習するというのは、機械学習トレーニングデータのひとつの指針と言えます。これを下回ると認識率が落ち、多過ぎでも過学習になると考えられます。トレーニングデータの量と分類数は、トレーニングデータの質と言えます。

　minstを使ったディープラーニングのプログラミングとしてはschikit-learn、Keras、TensorFlow、PyTorchなどのライブラリを使った実装例が多く紹介されています。参考としてみてください。

　なお、カラー画像になると入力データや特徴点のフィルターが少々わかりにくくなります。カラー画像はRGB（Red、Green、Blue）の色の三原色である赤、緑、青で表現されます。多くの場合、コンピュータなどではそれぞれの色の輝度を256段階、8bitで表現しています。10進数の0～255で表した場合、一番赤の輝度が高いデータは（255, 0, 0）です。ディープラーニングで入力される画像の赤、緑、青だけを0～255で表して、ピクセル情報をベクトルで表記したデータをRGBで3種類用意してやることが一般的です。

　画像認識に関するトレーニングデータの詳細については「4.2　画像データ」をご覧ください。

3.4　動画認識系AI

　動画は静止画像のフレームを連続的に扱ったものと言えますが、動画認識においては、他のフレームとの関連も認識することになり、静止画よりも高度なトレーニングデータが必要になります。動画に関するAIも画像認識と同様、さまざまなものがあります。この分野はコンピュータビジョンと呼ばれる分野にあたり、動画の場合は、コンピュータがビデオ内の物体や人物を識別できるようにするテクノロジーのことを指します。以下にさまざまな分類を見てみましょう。

表3-2　動画

動画分析	分析項目	内容
行動分析	人数計測	ある特定の領域の中にいる人物のカウントや、一定のゾーンやあるラインを越えた人物の行動などの人数を計測します。
	ラインクロス検出	空港や道路など、ある一定のラインで特定された線を越えた人物の検知をします。
	侵入検出	監視カメラ動画などで捉えられる、ある一定領域に対する物体の移動や侵入などを検知します。
	方向検知や逆方向検知	あるエリアで同一方向に進む人物のモニタリングや空港のセキュリティエリアなどで、指定方向とは逆方向に動く物体を検知します。
	不審徘徊行動の検知	ある特定エリアに一定時間以上とどまる人物像を検知します。
人物認識	人物検出	顔認識と似ていますが、人物検出では、動画内から人物の画像領域を特定し、人物の属性情報を識別します。性別、年齢層なども検知します。こうした検出情報を利用するのは、公共施設や商業施設などがあります。どんな人物が陳列棚を見て、どんな商品を手に取り、年齢別、性別などによる販売傾向やマーケティングなどに利用されることもあります。IoTの機能やRFIDなどのタグ情報と連動して利用されることもあります。
	顔認識	スマートフォンなどでも利用されていますね。動画内に映る、人物の顔を認識します。人物の特定機能や事前に登録された顔のデータベースとの照合などにより、VIPを特定したり、特定人物の行動認識などに利用されることもあります。

特にビデオカメラによる映像は非常に多くあるが、
機械学習トレーニングデータ向けのものにするには、
整理に手間をかけることが大事

表3-3

動画分析	内容
車番認識	すでに商業施設などの駐車場でも、事前精算によるナンバープレートの番号を認識することによって、駐車券を挿入することなく、退出できるシステムをよく見かけます。多くの場合、4桁のナンバーだけを認識。最近ではカメラの画質向上やさまざまなニーズで4桁の数字ナンバーだけでなく、地域名や文字なども合わせて認識します。自動車の種別なども認識したり、盗難車の捜索や、犯罪行為の被疑者が乗っている自動車の特定などにも利用されたりします。
オブジェクト検知	物体検知とも呼ばれます。自動車の自律走行や、ADAS（Advanced Driver-Assistance Systems - 先進運転支援システム）も応用例のひとつです。工場や検品工程などでは、製品を識別したり、損傷や欠陥品の検出など、さまざまなケースで利用されています。物体の検出だけでなく、検出された物体がどのクラスのもので、物体が動画のフレーム間でどの方向に移動し、どのくらいのスピードで動くのかなどの予測のためにも利用されたりします。
異常検出	動画内に映し出される映像から、通常とは異なる動きがあることの検知を意味します。一例にはOpenPoseと呼ばれるカーネギーメロン大学で研究された、人間のポーズを推定する手法です。静止画や動画から人間の関節や、目、鼻などの特徴点と呼ばれるポイントを検出します。複数の人物が写っていたりしても、人物の姿勢や動作などの可視化が可能です。こうした技術を利用することにより、介護施設などで転倒を検知したり、スポーツなどの動作を分析したりといった、さまざまなユースケースが生み出されています。

　動作を検出する手法としては、映画のアバターやCGを使った映画、ゲームなどで使われているモーションキャプチャと呼ばれる技術があり、これは、モデルの人が特徴点部分にマーキングされたコスチュームを纏い、動作するところを多くのセンサーで捉え、身体のモーションを捉える技術です。こうした特殊なセンサーやスタジオがなくても、身体の姿勢やモーションが捉えることができるのは、画期的ですね。

3.4.1　動画分類

　動画分類とは、割り当てられたクラス（行動やイベントなど）に分類することです。動画の開始時間と終了時間などをもとに動画全体や動画内のイベントなどを分類します。動画内のコンテンツを分析したり、検索と広告の関係性などをチェックしたりなど、マーケティングの分野でもよく使われています。動画のカテゴリーがニュースなのか、スポーツなのかといった分類や、スポーツに分類された動画コンテンツがサッカーなのか、バスケットボールなのか？　に分類されたりします。年齢による視聴制限などの分類などにも利用されます。コンテンツモデレーションと呼ばれるプロセスは、ネット上にアップロードされるコンテンツや、アップロードされる動画に対して行われます。違法なものや、不適切な表現などが含まれていないか？　をチェックし、必要があれば削除するようなものです。SNSやニュースの投稿に対する書き込みに対しても、同じコンテンツモデレーションという用語が使われたりします。

3.4.2　動画分析が使われる業種

　動画分析が使われる業種も非常に広範囲です。
　最近では、製造業において、動画分析の利用が広がっています。生産の効率化や人手不足の解消、熟練作業者の行動分析、危険作業のモニタリングなど、利用されるエリアが拡大しています。製造ラインでも、人手による目視検査をAIで置き換えたり、製造ラインにAI判定機能のあるエッジAIカメラを導入して、画像解析によって外観検査する例なども多く見られます。
　建設業では法改正を控え、労働時間の遵守や、休日の施工現場での稼働状況の把握などこれまで以上に労働現場における人材不足、労働状況のモニタリングな

どで動画分析のニーズがあります。

　小売業では、無人店舗、無人レジのニーズなどでも多くのものがあり、陳列棚の商品補充の優先順位付けなどがそうです。購買行動の分析や、マーケティング目的などでも利用されています。

　流通業では商品の配送や梱包、倉庫内でのロボットによる物流、作業などの領域でも動画分析が多く使われ、物品の移動や作業状態の把握にも使われています。

　医療の領域でも治療、手術、看護など、さまざまな応用分野で活用されています。病院だけでなく介護領域やリハビリ、スポーツ医学領域など、多くの場面で動画分析が活用されています。

　セキュリティ分野では、監視カメラの高性能化、低価格化、夜間などの画像の輝度が進化している点です。カメラモジュール内である程度の分析、計算をデバイス内で実行するエッジAIデバイスの開発が進化しています。高度な動画解析や、場合によっては一定の学習ですら、デバイス内で実行できるようなソリューションも多く登場しています。セキュリティ分野ではIoTなどとの連携により、AIの活用が大きく進んでいる分野のひとつでもあります。

　自動車分野ももちろん動画分析（画像）が多く活用されている領域です。これについては自動車に特化したところで、別途ご説明します。

3.4.3　Amazon Rekognition

　Amazonでは一例として、事前にトレーニング済みのカスタマイズ可能なコンピュータビジョンAPIをAmazon Rekognitionとして提供しています。このソリューションでは、コンテンツモデレーションや写真から顔の類似性の比較などをします。顔検出と分析では、顔の検出とともに、目やメガネ、髪の毛などの属性情報を検出し、動画のラベリングでは、動画内のオブジェクトを検出したり、動画に映るブランドロゴなどを検出します。動画に映る動画標識やパッケージの画像からのテキスト認識や、動画に映る有名人の特定など、さまざまな機能を提供しています。

　こうした機能を利用することにより、不適切なコンテンツの検出、オンラインでの本人認証、メディア分析を省力化されています。自宅のセキュリティのために自宅玄関などに記録されたイベントから、人物などが検出されたときにライトをオンにしたり、アラートを配信したりなど、さまざまな提案があります。

3.4.4　動画分析で使われるモデル

　前節の画像認識にはCNN系のモデルが広く使われています。そして動画を紙芝居にみたてると、CNNを動画に利用できるのです。一方で音声認識や自然言語処理などにも使われたR-CNNが、画像ピクセルデータに対して時系列の概念を併せ持てることから動画には広く使われます。基本的なR-CNNから、学習方法の簡素化と学習時間を短縮したFast-R-CNNというものがあります。これは、Microsoftが2015年に発表したFaster R-CNNで、Region Proposal Network（RPN）と呼ばれる仕組みで物体候補の矩形を出力します。検出するべき物体なのか、背景画像なのかの分類で学習を進めていく手法です。そして、Faster R-CNNを改良したCascade R-CNNなどにより、学習時間と学習プロセスの簡素化が実現されています。

　これらのモデルを理解する上で、重要な概念は**バウンディングボックス**と呼ばれるものです。[図3-9]

図3-9　バウンディングボックスの例

　バウンディングボックスとは、検出や認識する対象の物体（人物、動物、自動車など）の領域を矩形で囲みます。背景を極力含まない形で、最小の長方形で囲った領域矩形のことです。顔認識では顔の部分が長方形で囲われていたり、動物や自動車などが長方形で囲われていたりします。バウンディングボックスは用途に応じて、長方形以外の円やポリゴンで囲われた多角形などさまざまな形状が存

在します。

　長方形で囲われるバウンディングボックスはいくつかの異なる目的で利用されます。

・検出したい物体が検出された結果や予測として、画像ピクセル中の位置やサイズ、他の物体との重なり具合を表す情報としても利用。
・あらかじめ、トレーニングデータとしてのラベリング情報として利用。
・ある特定領域やピクセル、画像情報に対して、特徴点を認識するための矩形領域として、その部分のピクセル情報を抜き出すため領域指定する場合に使われる意味合い。

　いくつかの使われ方がある単語です。また、2Dだけでなく、3D情報として、立方体（Cuboid）の3Dバウンディングボックスというものもあります。自動車の領域では、3Dの点群データの集合体を立方体で囲って、自動車やトラックなどを障害物としての表現です。

　物体検出では、R-CNN系とともに高速処理で有名なモデルにYOLOというものがあります。YOLOは（You Only Look Once）の頭文字を取ったものです。R-CNNのように、領域に区切ったすべてのピクセルを計算せずに、画像全体から対象物のなさそうな背景部分を切り捨て、領域指定と分析を同時に行うので高速な処理が特徴です。YOLOはバージョンアップを重ね、2023年1月時点でYOLOv8までリリースされています。[図3-10]

図3-10　YOLOの例

　もうひとつ、代表的なモデルに、SSD（Single Shot Multi box Detector）と呼ばれるモデルがあります。畳み込み実行するグリッドサイズを小さくして、アンカーボックスと呼ばれる、大小と縦横比の異なるバウンディングボックスの位置を予測する手法です。YOLOが苦手とする小さな物体の検知や、画像内に複数の物体が多くあるデータなどの精度を高めています。

　他にもTransformerの考え方を合わせた、DETR（End-to-End Object Detection with Transformers）は、Facebookが2020年に発表したものです。Attentionを用いて、アノテーションによるトレーニングデータのラベル付けを必要としないモデルなど、多くのコンピュータビジョンの手法が毎年発表されています。

　姿勢推定や物体検出に使われるもうひとつの考え方がセグメンテーションという手法です。この手法には大きく3つのセグメンテーション分類があります。AIにおけるセグメンテーションは画像中のピクセル情報を色で塗りつぶすようなイメージです。人や動物や自動車、木といった分類すべき画像を特定の色で塗りつぶします。[図3-11]

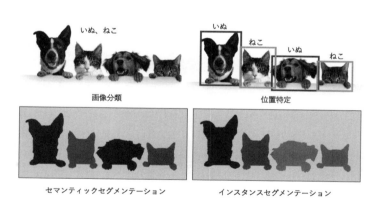

図3-11　セグメンテーションマスクの例

1. セマンティックセグメンテーション

　画像中のすべての画素を別々の色で指定されるクラスに分類します。建物は黄色、人は紫、道路はグレーなどといった具合です。

2. インスタンスセグメンテーション

　個別の物体として認識し、特定のクラスが割り当てられない画素は認識しない場合があります。車両が重なり合って停車しているような画像でも、それぞれの車両には別々のクラスIDが付与され、別々の色で表示されます。

3. パノプティックセグメンテーション

　セマンティックセグメンテーションとインスタンスセグメンテーションを合わせたもので、すべてのピクセルを認識し、それぞれのインスタンスに別々のクラスを割り当てます。

　セグメンテーションを利用して人物を認識することで、関節などの特徴点を結んだキーポイントのように姿勢推定にも利用できます。人間のパーツごとに割り当てたセグメンテーションマスクにより、人物の姿勢や向いている方向などを認識可能です。

　セグメンテーションの考え方を利用したものにMask R-CNNというモデルがあります。このモデルは2017年のICCV 2017にて発表されたモデルで、物体検出とインスタンスごとのクラス分類が同時にできる手法です。

　動画を用いた分類問題や物体検出は、画像の場合と同様、「4.3　動画データ」で解説するフレームデータの集合体です。パラパラまんがの1枚1枚の画像をトレーニングデータとして捉えていきます。とくに画像や動画の解析や検出ではディープラーニングのモデルが利用され、トレーニングデータを大量に必要とし、学習していきます。データセットとして考えた場合、よくYouTubeの動画が利用されることを考えると、以下に大量のトレーニングデータを動画として効率的に利用し、集められるのかが重要です。このデータが少ない場合、適切な判定を行うモデルの開発は困難になると言えるでしょう。よってどのようなモデルを使い、判定するのかというポイントと同様に、必要な動画データをどのようにして準備するかを検討していきましょう。トレーニングデータの詳細については「4.2　画像データ」や「4.3　動画データ」をご覧ください。

3.5 チャットボット・ボイスボット

　次節では「自然言語処理系AI」を見ますが、その有力な例が本節の**チャットボット**や**ボイスボット**です。

　ボットという言葉の意味のひとつには、コンピュータを外部から遠隔操作するためのウイルスを指すものとして使われます。別の意味では、一定のタスクや処理の自動化を意味し、アプリケーションやプログラムにタスクの処理を自動化して行ってもらうことを指しています。ウイルスのことも自動化のことを指す言葉も、どちらも語源はロボット（ROBOT）から「BOT」の部分をとっています。そこで、自動化するようなことを「〜ボット」と呼ぶため、チャットボットといえばチャットを自動化したり、ボイスボットといえば、音声応答の自動化する意味なのです。

　twitterなどでは、返信や投稿を設定した時間に自動で行ったり、何かのユーザーに扮してフォロワーに向けた発信を行ったり、定期的に告知などを行ったりします。

　LINEなどでも自動で返信を行ったりしますので、サンリオのキティちゃんなんかは、365日24時間働いていたり、いろんなイベントごとにメッセージを届けているなと感心するものです。

　AIが活用される前から、電話では、問い合わせ内容の方は「1番を」のように、

　　チャットポッド、ボイスポッドは話し相手にもなっ
　　てくれるが、AIの学習内容によって、返答はさまざ
　　まであることに気を付ける必要がある

選択を自動音声で流すタイプの音声自動応答が使われています。

　最近では、テキストによるやりとりや音声によるやりとりにも、AIの活用による自動化や、対応の多様化、多様な入力にも対応できるようになり、便利になってきています。膨大な高品質なトレーニングデータが、それを支えています。

　チャットの自動化を行っているように見えて、裏にはオペレーターがいて、有人の対応を行っていることもあります。入力内容に対して、あらかじめ設定された機械的な応答するものもありますし、AIを駆使して自然言語処理の手法を使い、きめの細かい対応を人間に近い形で行うものもあるのです。

　これらはメリット、デメリットがあるため、一概に何が良くて、何が悪いとは言えません。チャットボットやボイスボットが導入されるのは、顧客満足度の向上のため、電話がつながらず待ち時間ばかりでイライラする状態をさけ、チャットや音声による対応で目的を果たすことで満足度を高めたいのが狙いです。FAQを多く読まないと解決しないようなもどかしさを解消する顧客視点のソリューションもあります。サポートや顧客対応のリソース不足や、限られたリソースで顧客の満足度を最大化するといったような、企業内部の利益に対するソリューション視点もあったりするでしょう。

　いずれの場合でも、顧客がテキスト入力や音声によって、最短時間、最小の労力で問題解決する場合が多くなりました。目的が成し遂げられれば非常に満足度は高まりますし、機械的で画一的な反応しか得られない場合や、非常にまどろっこしいやり取りだけだと、逆に顧客の不満が増大してしまうことも多くあります。

　私は、コロナ禍前は海外出張も多く、ほとんどの場合、ユナイテッド航空を利用していました。昔は電話がつながらなかったり、番号による選択がまどろっこしかったりしました。あるときから、音声認識による形式で物事が進むようになり、非常に便利に感じたのです。でも英語の発音がきれいじゃないと聞き取れないからやり直しと何度も言われ、情報の入力が完了するまでやり直した記憶があります。

　チャットボットやボイスボットも音声認識や機械翻訳、自然言語処理のAI活用の進化に伴い、スムーズに顧客対応ができるような場面も増加しています。企業にとっても顧客満足度の向上や限られたリソースで、最大限に顧客満足度を引き上げることも、できるようになってきているのです。トレーニングデータに誤りがあると、顧客対応に失敗をします。関連するトレーニングデータについては、「4.1　音声データ」などで触れています。

　スムーズなやりとりや人間が対応しているかのようなやりとりには、データとともにシナリオの設定が大切です。シナリオ作成のための顧客データやフィードバックによる定期的な刷新が非常に重要になっています。

　郵便や宅配便の再配達を依頼するような場面も日付の表記の仕方、明日、明後日などの指定の仕方や助詞や動詞の表現のバリエーションなど、ひとつのシナリオに対しても複数の表現法があり得ます。これらのシナリオやバリエーションを多数用意したり、それまでに蓄積した会話データ等を元にしたトレーニングデータで学習する場合もあるでしょう。使用する言葉は少なめですが、適切な対応、返答が重要で、顧客満足度につながります。そのため、トレーニングに使うデータも、慎重に吟味されていることと推定されます。また、後述の固有表現抽出という技術も使われています。[図3-12]

　ユナイテッド航空などが電話対応に利用している音声認識が、日本人の話す英

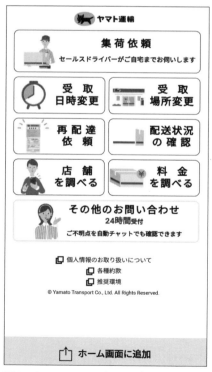
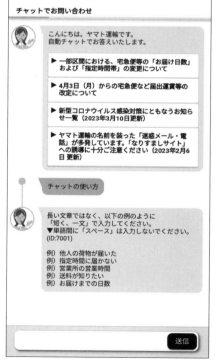

図3-12　チャットボット（提供：ヤマト運輸）

語発音をきちんと認識してくれるような学習がされると、すごく便利です。しかし、現状では日本の電話番号にかければ、きちんと日本人のオペレーターの方が対応されます。日本人の話す英語といった種類のトレーニングデータもいずれは必要とされるでしょう。

最近では「3.6 自然言語処理系AI」でも解説するChatGPTが話題です。大規模言語モデルを用いた対話的なチャットボットのニーズは高まってくると考えられます。すでに学習済のAIモデルを活用する場合でも、人間の好む満足度が高い回答や、対応をするボットの構築は、すぐに当たり前になってくることでしょう。そのためにも、自社のドメインに対する学習を強化するトレーニングデータの整備を進めておきましょう。

3.6 自然言語処理系AI

チャットボット・ボイスボットに触れたところで、自然言語処理系のAIに進みます。まず、Global Information社の市場調査レポートを見てみます。世界の**自然言語処理**（**NLP** - Natural Language Processing）の市場規模データがあります。［図3-13］2027年には610億3千万ドル（2022年9月の為替レートでは約9兆円）規模に成長すると予測。2021年の142億7千万ドル（同約2兆1,200億円）の年平均成長率26.6%で成長すると考えられています。

同じくレポートでは、カスタマーエクスペリエンスの向上、ビジネスオペレー

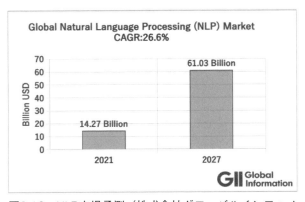

図3-13　NLP市場予測（株式会社グローバルインフォメーションより）

ションの合理化、ミッションクリティカルなプロセスの簡素化、全体的な生産性の向上に役立つため、企業は社内外の業務を改善するためにNLPソリューションの導入を急速に進め、データのデジタル化とインターネットやコネクテッドデバイスの利用増加が需要を拡大させ、高度なデータアナリティクスの需要や画像認識、音声認識の分野での進歩が市場の成長を促進していると述べています。

　自然言語処理は大昔からのSFに出てくるような人間と対話のできるコンピュータを実現する技術といえ、狭義には前節のチャットボット・ボイスポットがあります。

　自然言語処理がどのようなものかを見ていきましょう。

3.6.1　自然言語処理とは

　NLPとはどんなものなのでしょうか？　コンピュータは内部的には電気信号で処理されていて、電気の電圧値を閾値（しきい値）として、デジタルの0と1で内部的な処理を行っています。プログラムを人間が書いたり、機械学習の様なモデルを作ったりする際は、高級言語としてのPython言語を使ってプログラムを書いたり、ディープラーニングのパイプラインを構築します。ホームページを作るときは、HTML、CSS、JavaScriptなどの同じくWebやUIに親和性の高いプログラミング言語が使われるでしょう。人が普段の生活で使っているのは日本語や英語、中国語の様な言語です。私たち人間が実際に、これらをコミュニケーションで使うときの口頭で使う「話し言葉」や契約書、論文、本などで使う「書き言葉」をコンピュータは直接理解できません。これら人間の使う言語が自然言語です。コンピュータが自然言語を処理して、分析する技術のことを、自然言語処理（Natural Data Processing - NLP）と呼びます。自然言語処理にももちろん多種多様なトレーニングデータが使われます。

　自然言語のひとつの特徴が曖昧さです。言語の中でも個人的に日本語は曖昧さという点で扱うのが難しい言語だと思います。とくにNLPとしてコンピュータで扱うことを考えると、曖昧さの他にも日本語の文字は英語や他の言語の文字と比べ、シフトJISでは全角文字には2バイトの情報量が必要です。Unicodeの世界では、UTF-8で全角日本語には3〜8バイトの情報量が必要だったりします。文字もひらがな、カタカタ、漢字などの異なる文字種が登場します。英語のように単語間にスペースが入らないため、単語や品詞を分解するには別の形態素解析プロセスも

必要です。

　曖昧さにおいては、同じ音声を文字で表現するときにひらがな、漢字、カタカナで書くこともあります。数字の記述方法もさまざまで、よく日本語を学ぶ外国人が困惑する、「いっぽん、にぽん、さんぽん、よんぽん…」ええ、違うの？「いっぽん、にほん、さんぼん、よんほん」。"ぽん"と"ぼん"と"ほん"の規則は？というものや、主語が頻繁に落ちたり、細かな敬語、謙譲語表現があったりとケースバイケース（いい言葉ですね）の使い分けが存在します。このあたりの詳細は「5.3　テキストデータのアノテーション」で解説します。

　これらは日本の長い歴史や文化、人に対する敬意の表れであったりと、日本にとって貴重な財産の一面もあります。京都の人には怒られるかもしれませんが、「ぶぶ漬け食べていかはる？」と言われて「ぶぶ漬け食べて行きますか？」と直訳でもして、「いただきます」なんて言った日には影でなんて言われるかわかりません。京都の方いたらごめんなさい。ロンドンでの英語の会話も同様でしょう。考慮すべきこと、曖昧さをどう判断するのか。言語によって共通なこと、異なることをどのように扱っていくのかも、トレーニングデータの収集の際に気を使う部分です。ここからはNLPがどのように使われ、広がっているのかを見てみましょう。

3.6.2　AIアシスタント

　OK GoogleやHey, SiriなどもNLPの技術を応用しています。ウェイクアップキーワードの後に続く、質問やコメントも文法的に完璧な文章が必ず入力されるとは限りません。主語がなかったり、言い方が違ったり、天気や気温を聞くだけでも人それぞれ、さまざまな表現で質問します。音声には言い淀みや言い間違い、「えー」や「あー」、「えっと」などのいわゆるフィラーも含まれます。こうした入力を話者やテキスト入力者の正しい意図で読み取り、的確な回答や情報を提供することがかなりできるようになってきています。

3.6.3　Alexa AIスピーカー

　AmazonのAIスピーカーに搭載されるAlexaもNLPの技術を使っています。私はなぜか自宅でカップラーメンを作るときのタイマーと、天気や気温を知るのは

Alexa派です。Alexaにはさまざまなスキルがあり（ここでいうスキルは機能拡張のための機能を指します）、スキルを追加登録することで、どんどん対応できることが増えていきます。朝、出勤の時間に次のバスの時間を教えてみたいなこともスキルの追加でできるようになることのひとつです。試しにNLPなので、How many skills does Alexa have？と英語でGoogle先生に記述してみたら、ちゃんとmore than 100,000と出てきます。膨大な数ですね。ちょっと使いこなせません。NLPをあまり使わず、日本人の典型的なGoogle先生の入力窓に「アレクサ　スキル　数」と入力してみました。日本で3,500以上のスキルという回答と答えにまつわる説明や、日本ではardiko.jp、クックパッド、NHKニュースが好評です。と教えてくれました。ちなみにGoogle先生（私この呼び方あまり好きではないんです）もBERTのAIモデルを2019年から自社の検索エンジンに採用しています。自社で開発し、実装し、成果を上げるって素敵ですね。BERTにより、大幅に普段の話し言葉のような入力でも、必要な結果が返ってくるようになっています。

3.6.4　検索エンジン

　検索エンジンはディープラーニング等によって精度が向上したり、長文での検索が可能になっています。Search Relevance（検索関連性）というものが検索エンジンやeコマースサイト、Netflixなどの動画配信サービス、デジタルマーケティングの分野でも非常に重要になっています。みなさんも検索エンジンや企業のホームページで思うように探しているものが出てこない苛立ちを感じたり、オススメに出てくる動画を見ることでの満足度が高まる経験もあるのではないでしょうか？　検索エンジンにおいては、NLPのプロセスの中で、結果を最適なものにしたりアウトプットの精度を高めることが、ユーザーエクスペリエンスの向上に不可欠になっています。

3.6.5　チャットボットやボイスボット

　チャットボットやボイスボットも、多くの先進的な企業のサイトやLINEを使った顧客向けサービスでも多くみられるようになっています。入力も単語だけを言ってみたり、複数の異なる表現を入力しても、正しい結果に導かれます。ヤマ

ト運輸のLINEサービスなどでも再配達の日にちを明後日と入力してもOKです。2日後の日にちを入力しても次の曜日を入力しても、正しい再配達希望日を入力できます。これらも多くの顧客の満足度を高め、企業価値やイメージの向上に役立つ要素です。

3.6.6　テキストマイニング

　テキストマイニングとは大量のあまり成形されていないテキストデータの中から、必要なデータを取り出す技術のことです。twitterなどのSNS上のtweetデータから顧客の関心度や評価などのキーワードを抽出したり、カスタマーサポートに寄せられるメールやテキスト情報からキーワードを抽出し、顧客のニーズや必要なサポート対応などを行ったりします。Webクローリングから多くのデータを取り、必要な情報を抜き出したりするのも、テキストマイニングのひとつです。

3.6.7　文章生成

　Generative AI（ジェネレーティブAI）と呼ばれる**生成系AI**の分野があります。これはコンテンツやモノについてデータから学習し、それを使用して創造的かつ現実的な、まったく新しいアウトプットを生み出す機械学習手法と定義されています。アメリカのGartner社が2022年の戦略テクノロジーのトップ・トレンドで、注目すべきキーワードにも挙げているのです。

　GANで生成されるまったく新しい画像や動画の合成もあります。自然言語処理では**GPT**（Generative Pre-trained Transformer）に代表される言語モデルを用いた文書生成が注目を集めています。GPTは文字通りTransformerを用いた大量のデータで事前学習された言語モデルです。OpenAIによって開発され、「GPT」「GPT-2」「GPT-3」「GPT-4」と進化しています。GPTは、初期バージョンでは1.1億パラメータを使っていたものが、GPT-2で15億パラメータ、GPT-3では実に1,750億パラメータを使った言語モデルです。この言語モデルは単語の出現確率を予測するもので、ある単語の次に続く単語を予測する手法の利用によって、「文書生成」「文書要約」「機械翻訳」など、幅広く利用されています。

　GPTの事前学習では当然ながらパラメータ数が増えると、それだけ必要となるトレーニングデータは増えていきます。GPT-2の世代では15億パラメータで

800万ドキュメントのデータ、40GBのWebテキスト、アメリカで広く使われるSNSサイトRedditの4,500万ページ分のデータで学習されているのです。これがGPT-3世代になると45TBに上るWikipediaやWebクロール、書籍などで収集されたデータから570GBのデータセットを作り学習されています（GPT-4ではパラメータ数、データのボリュームや種類が非公開です）。

　トレーニングデータのボリュームもさることながら、事前学習に必要な時間やコンピューティングリソースも膨大になるため、世界的に見てもこのレベルの言語モデルを構築できるプレイヤーは限られます（エンタープライズ企業はほぼこのくらいの規模のデータは保持しているでしょう）。

　さらに2022年11月にOpenAIはChatGPTを発表し、対話形式のAIとして、これまでGoogleが支配的であった検索という方法が取って代わられると囁かれています。さらにプログラミング、ライターによる記事執筆などを変革してしまうとも言われています。

　拡大のスピードも凄まじく、1億ユーザーに到達するスピードがインスタグラムで2.5年、TikTokで月毎の1億アクティブユーザーに9ヶ月かかったものが、たった2ヶ月で到達しています。

　ChatGPTが注目される理由は、ユーザーが記入した自然言語による質問に対して、極めて自然な回答をすることです。さらには対話形式であるため、回答に基づいてさらに深掘りする質問にも答えたり、誤りがあれば訂正したり、不適切な質問には回答しないことなどが挙げられます。

　このChatGPTは事前学習についての詳細は発表されていませんが、GPT-3の改良版（GPT-3.5と呼ばれることもある）が使われているようです。さらにはRLHF（Reinforcement Learning from Human Feedback）と呼ばれる手法が用いられています。

　おおもとのGPT-3は大量のトレーニングデータで事前学習しますが、そのデータにはラベルを付けず、教師なしデータです。しかしChatGPTはInstructGPTと呼ばれるものがベースです。InstructGPTの特徴はGPT-3に対し、アノテーターが人間の好む表現のデータを用意し、教師ありデータとしてファインチューニングします。この分量は13,000分の質問と回答のセットです。さらにこのファインチューニングされたモデルを、別のモデルで判定するReward Modelとして、別のGPT-3ベースのモデルで評価してしまうのです。

　Reward Modelは回答の真実性や無害性、有益性の指標をスコアとして出力し

ますが、さらにそのスコアの妥当性を人間がランク付けし、このランキングを元に学習します。そしてその上で、Reward Modelの値が最大化しつつ、人間の好む文らしさを維持する最適化の強化学習を実施していく流れです。

　ChatGPTではこのInstructGPTと同様の学習を行っています。会話データに特化して最適化を行っている点と、プログラミングデータなども含む学習を行っているGPT-3の派生版を利用している点が特徴です。

　このようにGPT-3やGPT-4のような大規模言語モデル（LLM）では、教師なし学習のアプローチが広がり、データさえあれば、ラベリングやアノテーションなしにモデルのトレーニングや最適化できる手法が確立しています。これはトレーニングデータのコストを下げる有効なアプローチとなっています。一方で、人間が好むアウトプットを出すためには、人間によるフィードバックを介在させることが、これからのトレーニングデータのトレンドとなるのは明らかです。人間のフィードバックによる最適化が新しいAIモデルとトレーニングデータが価値を生んでいると言えます。

　そして、このフィードバックのバイアスと倫理性の公平さをどう保つかというのは、引き続き議論されています。

3.7　固有表現抽出

　固有表現抽出という言葉は、あまり耳にしないかたも多いのではないかと思います。固有表現抽出は、英語で（Named Entity Recognition - NER）と呼びます。自然言語処理のなかで、与えられたテキストから、固有表現の抽出をすることです。固有表現とは地名、人名、組織名、商品名のような固有名詞が含まれます。数量、金額、日付や時間のような、数詞も同様です。固有表現のトレーニングデータは、アノテーション済（後述）のもののみとなります。

　厳密には固有表現抽出とは、情報抽出技術のひとつであり、アメリカではMUC（Message Understanding Conference）において、当初は

・組織名（ORGANIZATION）
・人名（PERSON）
・地名（LOCATION）
・日付表現（DATE）

・時間表現（TIME）
・金額表現（MONEY）
・割合表現（PERCENT）

の7種類の分類が割り当てられていました。
　日本の**IREX**（Information Retrieval and Extraction Exercise）は、7種類に、

・固有物名（ARTIFACT）

を加えて、8種類で分類しています。
　そのほかMUC、IREXの分類をもとに階層構造を加え、種類を増やした分類などもあります。
　固有表現抽出は、これらの分類に基づいて、テキストから固有表現の分類に当てはまる情報を抜き出すタスクです。抜き出しには分かち書きと呼ばれる、単語や助詞などの意味を持つ最小単位に分割する手法で、最小単位に相当するものが言語学上、**形態素**と呼ばれるものになります。
　英語などの言語の場合初めから、単語ごとに空白で分割されているため、テキスト情報の場合、区切りが明確になっています。
　日本語の場合は句読点以外の部分では、漢字かな混じり文であるがゆえに、意味や読み方が日本語話者にとってはわかりやすい文であるため、区切りが存在しません。
　よって形態素解析と呼ばれる手法を使い、最小単位の形態素に分割していきます。このとき辞書に載っているような名詞、動詞、助詞、形容詞のような品詞は比較的容易に分割できるのです。人名や地名などの固有表現に分類される単語は、必要以上に分割されてしまったりして、違う意味合いとして認識されてしまうなど、テキストの分割に注意を払う必要があります。こうした形態素解析や、形態素解析ツールを利用した機械的な品詞分解において、正しく分割するための品詞認識が必要です。そのためにも正しく固有表現を抽出し、情報をもとに辞書やコーパスとして登録し、形態素解析やツールにおいて、正しく分割することが必要となります。
　形態素解析には「MeCab」と呼ばれるオープンソースの形態素解析エンジンがあり言語、辞書、コーパスに依存しない汎用的な設計となっており、bi-gram

マルコフモデルを利用。そのほかの形態素解析エンジンのChaSen、JUMAN、KAKASIなどと比べ高速に動作することなどから、初心者も含め多く使われています。「MeCab」という名称は「和布蕪」からきていて、作者の好物のようです。MeCabはC/C++、C#、Java、Perl、Python、Ruby、Rなど、さまざまなプログラム言語で使用できます。IPAdic、NAIST jdic、UniDicなど多くの辞書とも連結して使えます。追加学習も可能です。

　固有表現の抽出には、いくつかの抽出方法があります。

表3-4　固有表現の抽出方法

抽出方法	内容
辞書やコーパスへの登録	あらかじめ、固有表現に該当する単語を、辞書・コーパスに登録し、それを参照して抽出します。人名や地名、会社名等、膨大な単語を登録しなければなりません。地名と人名は、場合によっては「秋田」県、「秋田」さんのように重複する点がデメリットです。
ルール化による抽出	上記の秋田県、秋田さんを分類するために、ルール化を定義する手法です。「県」、「市」などが付けば、地名、「さん」、「様」などが付けば人名のように、個別にルールを定義しますが、さまざまなバリエーションがあり、複雑なルール定義が必要になってしまいます。
AIによる手法	AIの活用により、辞書やルール化よりも多くの固有表現を正しく抽出する技術が向上しています。 この手法では当初、統計と探索モデルとして前述のMeCabでも使われている、Linear-chain CRF（Conditional Random Field）を利用します。入力文の単語にラベリングする、系列ラベリングの問題を解く手法です。MeCabでも品詞として使われる頻度をコストとして計算するアルゴリズムが利用されます。形態素として分割された単語をトークンとして扱い、固有表現としての分類をラベルし、文をベクトルとして扱うのです。ベクトル表現からラベルごとに確率計算し、重み付けを学習します。

　機械学習を使った手法では、辞書やルールベースのものよりも格段に抽出の精度が高まります。しかし依然として、データの量や網羅性、学習に際しての専門知識の必要性がありました。

　ディープラーニングの進歩につれて、固有表現抽出においてもLSTM（Long Short-Term Memory）が使われます。時系列を考慮して、前後関係で単語を跨いで認識できる手法や、Transformerの手法やBERTなどを用いることでさらに抽出の精度が高まっています。

　固有表現抽出は、自然言語処理と表裏一体です。Transformer等の進化に伴い、大規模言語モデルの活用や有効性は非常に高まっています。その際にベースの学習や強化学習やファインチューニングに利用されるコーパスを整備することは重要です。このトレーニングデータに学習すべき固有表現抽出のデータが盛り込まれないと、認識率が高まらないとともに、人間の望む出力とならないケースが多くなり、十分なモデルの開発ができない結果につながってしまいます。

3.8　POI（ポイントオブインタレスト）

　ポイントオブインタレスト（Point of Interest）はPOIは、直訳をすれば興味のあるポイントという意味になり、地図上であれば特定のポイントのことを意味します。POIは車や自転車、トレッキングなどに使われるナビゲーションソフトでも使われています。目的地やあらかじめ設定する立ち寄り地点など、宿泊地点や食事するためのレストランなどのポイント情報を意味します。GPS上、どの緯度・経度の地点にあり、どのような情報を持つ施設、地点なのかの意味合いです。ドローンなどでも使われる用語で、撮影のポイントをあらかじめ指定し、ポイントにドローンが到着すると旋回しながら撮影をしたり、地点の意味として使われます。

　ポイントオブインタレスト（POI）の情報は、場所や施設の情報と連動します。そのため、POI自体はAIではなく、人力でデータを更新します。トレーニングデータというわけではありません。

　企業や商店、飲食店など各種商業施設に対する情報である

・名称
・住所
・業種カテゴリ
・営業時間

など企業や人が利用できる情報を多く含んでいます。POI情報は、地理空間情報と連動して緯度・経度の情報からマップ上の位置、周辺にある施設などの情報、人の動きなどや外部からの統計データなどと連動して利用されます。

　こうしたマーケットはロケーションインテリジェンスと呼ばれ、世界市場は、

2020年の119億ドルから2027年までは年平均成長率14%で成長し、2027年には、298億ドルまで到達する予測です。これは世界中で、ロケーションベースのソリューションの利用と需要が増加していることを表しています。

需要のある業種である以下の、

・移動/交通手段
・配送業
・ナビゲーション
・ヘルスケア
・不動産

などのさまざまな業種において、POIの情報を利用するのです。ライドシェアの会社では、プラットフォームと連動し、消費者を見つけてサービスを提供したり、特定地域のピーク時の推定や利益率向上の意思決定に利用します。ラストワンマイルの配送サービスでは、位置情報を利用して物流や共有業務の計画を実行したり、eコマース企業では、地域の人口密度に基づいて倉庫や配送センターを設置しているのです。

位置情報データは、POI情報と組み合わせることで、現実世界における人の移動やパターンを可視化します。パターンを一定期間観察することで各種サービスの普及や利便性の拡大、ROIの向上、顧客体験の改善、競争優位性の向上を目指せます。

コロナ禍のニューノーマルの環境下で、位置情報に関するデジタル化が進み、ビジネスの基本情報のひとつとしてPOIは利用されます。一方でソーシャルディスタンスに関する制約、ロックダウンや緊急事態宣言、旅行制限などにより、人の移動や行動パターンが大きく変化しました。またパンデミックの影響による企業の閉鎖や店舗の閉店などがあいつぎ、地図情報やPOIの情報は、これまで以上に陳腐化がすすんでしまい、データの更新が進んでいます。

POIデータの活用にはジオフェンスと呼ばれる、特定POIの周辺地域をある一定領域ごとに分割し、POI上のエリアを活用するという考え方があります。ジオフェンス内の人の動きや、ジオフェンス地域固有のマーケティング活動を分析します。地域に有効なソーシャルメディア、アプリ内広告、オフライン広告することでデジタルマーケティングの効果を上げています。

　しかしこれらのデータは、業種ごとやドメインごとに、異なるデータをまとめて管理することが困難なことも多いです。有効に活用するには、利用者側の調整が必要なこともよくあります。位置情報を提供するサービスとPOI情報をうまく連動させて活用するソリューションが必要です。

　いくつかの企業では、位置情報データやPOIのデータを定期的に収集します。改訂を手作業やクラウドワーカーのリソースを使い、ビジネス属性情報やモビリティデータの補完をサービスとして提供しています。

　著者が勤務するアッペンの子会社であるQuadrant社では、こうした位置情報やPOIデータをPOIデータ・アズ・ア・サービスとして提供しています。データの追加、訂正を手動で検証するプラットフォームを「Geolancer」として提供しています。[図3-14]

　位置情報やPOIデータをプラットフォーム上で、追加、検証、訂正し、ドメインごとに異なる情報や需要を一括で管理する環境を提供しています。手動の作業

図3-14　POIのイメージ

に関して、アッペングループでは170カ国、100万人以上にのぼる登録クラウドワーカーがデータ検証、更新に携わっています。

3.9 自動車関連系AI

自動車関連技術では、さまざまなAIの活用が進んでいます。アメリカのテスラが牽引し始めた技術です。アメリカのみならず、ヨーロッパの主要メーカーや中国の新興企業、ベンチャー企業などが活用中です。もちろん日本企業においても自動車技術の中で、AIの活用が大きく進んでいます。自動車関連には、本章で触れたすべてのAI技術・トレーニングデータが使われているといっても過言ではありません。

3.9.1 自動運転とは

最近、**自動運転**という言葉と、自律走行という言葉をよく耳にします。

自動運転レベルの定義の一般的な指標には、アメリカの自動車技術会の策定した6段階（完全手動のレベル0を含む）が使われています。日本の国土交通省においても、2017年の官民ITS構想・ロードマップ2017を基に策定されたレベル定義において、この考え方が一般化されています。

図3-15 自動運転イメージ

表3-5　アメリカの自動運転レベル

レベル	内容
レベル1 運転支援	自動で止まる自動ブレーキ 前の車について走る（アダプティブクルーズコントロール） 車線からはみ出さない（レーンキープアシスト）
レベル2 部分運転自動化	レベル1の組み合わせ 車線を維持しながら追随走行 高速道路の自動運転機能（遅い車がいれば、自動で追い越す）
レベル3 条件付き自動運転	一定条件下で、ドライバーに代わって、システムがすべての運転操作をする
レベル4 高度運転自動化	限定区域内で、すべてシステムが運転主体となる
レベル5 完全運転自動化	走行エリアに限定無くシステムが完全に運転主体となり、運転手不要

　国土交通省においてはレベル1〜5の段階で定義を行っています。2018年にはメーカーも含めた指針を発表しており、自動運転というキーワードの使用はレベル3以上に限っています。ドライバーの誤解を生まないためにも、レベル1〜2は、あくまで運転支援という方針を発表しています。

　ここでもレベル3以上の表現に自動運転という呼称を使用。運転支援に関しては、**ADAS**（Advanced Driver Assistance System - 先進運転支援システム）という呼称を使いたいと思います。

　あくまでもレベル1〜2は運転の主体はドライバーであり、ADASの各機能はドライバーを支援するもので、すべての動作はドライバーの監視が必要です。レベル3以降は監視の主体はシステムに移り、ドライバーはシステムからの要求があれば、ドライバーが適切に対応することが必要という定義がされています（レベル3）。レベル4は限定地域での自動運転、レベル5は完全自動という定義です。

　自動運転イコールEV（Electric Vehicle - 電気自動車）のイメージが強いものの、もちろんガソリンやディーゼル車でもADASの機能を実現されているものもあります。

　自動運転の前段のADASから見てみましょう。

3.9.2 ADAS

みなさんがお乗りの車や、普段CMで見かける車両にも、アダプティブクルーズコントロールが装備されている場合もあります。高速道路などで、適切な車間距離を維持しながら追随走行します。前方の車が接近して衝突の可能性が高まると警告音を鳴らし、ブレーキーや回避操作を促す機能は、だいぶ日常的になっているのではないでしょうか？

ADASに関わる各機能は自動車メーカーごとに呼称が異なります。どのようなものがあるかをメルセデスベンツのCクラスを例にざっと説明してみましょう。

・アクティブブラインドスポットアシスト（降車時警告機能付）

レーダーが車両斜め後ろの死角エリアの車両や自転車などを検知、30km/h以上の走行時に側面衝突の危険がある場合にはブレーキを自動制御して回避をサポートする。また、エンジン停止から3分間、障害物が後方から近付くとサイドミラーに警告灯を、それでもドアを開けると警告音を発する機能を初搭載した。

・アクティブレーンキーピングアシスト

走行時にフロントホイールが車線を越えたとマルチパーパスカメラが判断すると、ステアリングを微振動させて警告する。修正舵がない場合、ブレーキを用いて車線に戻す機能も備える（作動速度範囲：約60〜200km/h）。

・渋滞時緊急ブレーキ機能

カメラとレーダーで前方車線およびその左右車線を監視、渋滞末尾や停止車両などとの衝突の危険を検知した場合、左右に回避スペースがない場合には緊急ブレーキを、回避できる場合にはドライバーの操舵を優先させる。

・リアCPA（被害軽減ブレーキ付後方衝突警告システム）

レーダーが後方車両を検知、車間距離と相対速度から衝突の危険性を検知すると、ハザードランプを点滅させて後続車に警告するとともにドライバーにも警報する。それでも後続車の速度が緩まない場合には自車のブレ

ーキ圧を高めるなどして二次被害軽減に努める。

・緊急回避補助システム

車道横断中の歩行者など、衝突の危険を検知した際の回避について、システムが正確な操舵トルクを計算しドライバーの操作をアシストする（作動速度範囲：約20〜70km/h）

・アクティブエマージェンシーストップアシスト

アクティブステアリングアシスト起動中に一定時間以上の操舵がない場合、警告灯と警告音でドライバーに注意喚起する。それでもステアリングやペダルの操作がないときには警告音を発しながら緩やかに減速し停車させる。

・アクティブレーンチェンジングアシスト

高速道路走行中にアクティブステアリングアシストが起動している際、ウインカーを点滅させると3秒後に、システムが車両の周囲の安全を確かめたのちに自動で車線変更する。10秒以内ならタイミングを測り続け、車線変更する（作動速度範囲：約80〜180km/h（一般道での利用不可））。

・アクティブディスタンスアシスト・ディストロニック（自動再発進機能付）

マルチパーパスカメラとレーダーセンサーにより高速道路などで先行車を認識、車間距離を速度に応じて調節する。先行車が停止した場合は自車も停車、30秒以内に先行車が発進した場合はアクセルを踏まなくても自動で再発進する（一般道では3秒以内）（作動速度範囲：0〜約210km/h（設定可能速度：約20〜210km/h））。

・異例のPRE-SAFEサウンド

衝突が不可避の状況において、スピーカーから鼓膜の振動を抑制する音を発生させることで衝撃音の内耳への伝達を軽減する。

・PRE-SAFE

衝突時に乗員の最適な姿勢を可能な限り確保するために、前席のシート

　ベルト巻き上げや助手席のシートポジション修正などをする機能。

・トラフィックサインアシスト

　一般道／高速道路を走行中、カメラが制限速度などの標識を読み取りディスプレイに表示。速度超過の場合にはドライバーに喚起する機能も搭載。

・アクティブステアリングアシスト

　車線のカーブと先行車を認識しステアリング操作をアシストする。車線が不明瞭な道ではガードレールなどを認識する。

　これらの機能ですべてではありませんし、より進化した機能も実装済です。各社少しずつ違う機能を搭載していたりもします。レベル2まででもこれだけの多くの機能を実装し、内部的にはカメラや各種センサーからの情報を元にソフトウェアが判定を行うのです。必ずしも最上級クラスでなくともこれだけの機能がADASとして、市販車に実装されています。

3.9.3　レベル3以上の自動運転

　レベル3以上の自動運転についてみてみましょう。

・ホンダ

　ホンダが自動運転のレベル3に対応したレジェンドを発表したのは2021年の3月です。世界初のレベル3対応の車種を市販し、高速道路での渋滞時にシステムが運転操作を担い、ドライバーは視線を外して、動画視聴などができる機能を持つ車両の販売をしました。

・トヨタ

　トヨタはTeammateと呼ばれる高度運転支援技術を、レクサスのLSや水素自動車のミライに搭載しています。Teammateの新機能、アドバンスドドライブは、定義的にレベル2です。高速道路や自動車専用道路の走行支援。ナビゲーションで指定された目的地に向かって車線・車間の維持や分岐、車線変更、追い越しなどをしながら、インターチェンジを降りる分岐位置までの走行をサポートする運

転支援技術が市販されました。トヨタホームページでは、すでに販売済みの一部の車両に対して、ソフトウェアをアップデートするのみならず、車の側方・後方のLiDARセンサー後付けをディーラーにて対応したりしています。

・テスラ

テスラでは2014年にオートパイロットを可能にする標準ハードウェアを当時の最新モデルSに搭載し、ソフトウェア更新でさまざまな機能の提供も発表しました。車両にはカメラやレーダー、周囲を感知するための長距離超音波センサーが搭載され、翌年のソフトウェアのバージョンアップで、モデルSオーナーはADASの機能を手にすることになりました。無線によるソフトウェアのバージョンバップも画期的な考え方です。その後全車種にオートパイロット対応のハードウェアを搭載したり、一時期は車両上でのコンピューティングエンジンとしてNVIDIAのハードウェアを搭載しています。現在ではすべて自社製品に載せ替え済みです。また、2019年には専用駐車場や私有地において、目視できる離れた場所まで車両を呼び寄せる機能のリリース。2020年にオートパイロットの進化版FSD（Full Self Driving）のベータ版提供を開始しました。まだ完全自動運転とは言えず、FSDはバージョンアップを行ったり、ソフトウェアをサブスクリプション形式で提供したりしています。

非常に興味深いことにテスラはこれまで、LiDARの採用に消極的だと言われます。カメラを主体としたセンサーで実現しているのです。2022年7月には決算発表の中で、FSDによる累計走行距離がおよそ5,600万キロ（3,500万マイル）を超えたことの発表をしました。北米で10万人をこえるユーザーがいるFSDからのデータを収集しています。テスラドライバーからの実走行データを集め、自社が保有する世界トップクラスのスーパーコンピュータで分析、学習を行っていることが興味深い点です。

トレーニングデータという観点では、テスラは自社の市場投入車両からの実走行データを利用します。他社では、自社の社員が保有する車両の走行データを活用したりするのです。日本国内のメーカーのように、テスト走行車のデータを補う形で、多くのシミュレーションによるデータをトレーニングデータに活用するなど、各社各様の手法が見られます。

・Waymo

　もうひとつのアメリカの会社である、Google系企業であるWaymoは2018年に自動運転タクシーを、世界で初めて商用展開に成功した企業です。

　2009年にGoogleの自動運転開発はスタートし、2015年にテキサス州のオースティンで公道の自動運転を実現させました。当初はトヨタプリウスの改造車をベースにしています。2020年3月には第5世代の自動運転システムをジャガーのEV車両「I-PACE」をベースにしたものを発表しています。

　2021年には中国の吉利汽車の「Zeekr」をベースとしたハンドルのない、ライドシェアサービス向けの車両も発表しています。2016年にGoogleの開発部門が独立し、Waymoが設立されました。2020年にはフィアット・クライスラー・オートモービルズ（2021年にグループPSAと統合し、現在はステランティス）との小型商用車の自動運転分野で独占的提携を果たします。レベル4の独占的かつ戦略的パートナーシップによる技術をFCA各社にもたらすことになっています。その後ステランティスとなったため、GoogleをベースとしたWaymoの技術は世界で拡大中です。欧州、米国の主要なOEMメーカーや吉利汽車、スウェーデンのボルボ・カーズの親会社、浙江吉利控股集団有限公司（ジーリーホールディンググループ）などとの関係があります。そして、第5世代ベース車両を提供するジャガー・ランドローバー社は、タタモーターズの傘下であることなどから、非常に広範囲にわたるパートナーシップ関係を構築していると言えるのではないでしょうか。Waymoは無人モビリティサービス向けで2019年には、日産、ルノーともパートナーシップを締結しています。

　2019年には自動運転開発向けのデータセットを公開し、これまでに公道走行をアリゾナ州のフェニックスやカリフォルニア州のサンフランシスコで行い、収集したカメラやLiDARからのデータを公開中。データセットは研究者向けの公開です。さまざまな天候や日中、夜間などの走行データが含まれています。

　2021年にはこれまでのアリゾナ州フェニックスに加え、カリフォルニア州のサンフランシスコでも商用サービスを開始しています。

　アメリカや欧州だけでなく、実は自動運転は中国が活発に開発を進めている市場です。自動車メーカーや自動運転を推進するベンチャー企業のみならず、中国では国や自治体が大きな役割を果たしています。テスラがカリフォルニアで、Waymoがフェニックスで行っていたように、自治体が、法整備やガイドライン

の策定などの後追いをしていました。中国においても、国家全体や各地方自治体も法整備や走行試験を推進していることも大きな背景のひとつにあると言えます。自動車メーカーだけでなく、ITや検索エンジン大手のメーカーなどが参入、出資していることも特徴のひとつです。

　中国政府は2025年までにレベル4の実用化方針を推進しています。すでに北京、上海、杭州、深圳のような主要都市や重慶、長沙など40にのぼる省や市で自動運転に関するガイドラインが策定されています。道路の利用開放や試験走行、商用運転や無人走行まで、さまざまな実証や本格運用が推進中です。すでに自動運転用に利用可能な道路は5,000km以上あり、多くの企業が開発、テスト、商用利用を開始しています。

・百度（Baidu）

　中国のインターネット検索大手として知られる百度（Baido）は、傘下の合弁会社でレベル4対応を発表しています。中国の吉利汽車（Geely Automobile）とスウェーデンのボルボカーズを傘下に持つ浙江吉利控股集団有限公司（Zhejiang Geely Group Holding Co., Ltd.）との合弁です。2021年に設立されたこの集度汽車 - Jidu Autoにおいて、世界で初めてとなるであろうレベル4対応の車両を2022年に予約を受付、2023年に納車を開始すると発表しました。

　実現すれば、世界初となるレベル4対応の市販車が実現することになりそうです。すでにプロトタイプが公開され、高速道路、一般道や駐車場での車両システム主体の自動運転走行が可能であり（対応可能地域において）、それ以外の地域での操作に対応したハンドルはU字型になる予定だそうです。

　ホンダのレベル3対応のHonda SENSING Eliteを搭載したレジェンドが、100台限定販売で、車両価格が税込1,100万円。通常のレジェンドと比べ、300万円以上の価格差があります。一方トヨタのAdvanced Drive搭載のレクサスLS500hが、バージョンLで1,632万円で販売されています。トヨタミライの場合はミライZアドバンストドライブで845万円です。

　百度が発表したレベル4対応車両の販売価格は3万ドルくらいを予定しているので、グレードや装備、駆動方式が違うため、同じ土俵での比較はできません。しかし、この価格帯で市販がされていくことは、中国の開発力も興味深いものがあります。車両はROBO-01というネーミングの車両で、左右のドアは観音開きのように開き始め、前方のドアはその後上方にスライドするような開口部となり、

運転席と助手席は一体型となっています。自動運転の技術には中国の多くの自動車メーカーが利用しているオープンプラットフォームである、Apolloをカスタマイズしているようです。

・AutoX

　アリババも出資するAutoXは、2016年にカリフォルニアのシリコンバレー創業のベンチャー企業で、急速に自動運転対応の車両の開発を進めています。カリフォルニアや、中国の深圳を始めとした多くの地域で、走行ライセンスを取得している。2021年には、中国の深圳で商用のロボタクシーを発表し、実際に運用を開始しています。ロボタクシーはすでに第5世代の完全無人運転システムとして、AutoX Gen5をリリース。2022年9月には、Gen5を使い、上海でも中心部でも無人運転によるサービスをスタートしているのです。

　ロボタクシーにはNVIDIAのNVIDIA DRIVEと呼ばれる、車載用のGPU搭載をNVIDIAも発表しており、百度の採用しているApolloとは別のロボタクシー専用プラットフォームとなっています。

　Gen5には周囲を見渡す800万画素のカメラが28台と、4Dミリ波レーダー、高精細LiDARが6個の合計50のセンサー群が搭載しています。

　発表記者会見においてAutoXのCEOは「安全を第一にしているため、コスト面を度外視し、過剰なまでのセンシングと膨大な量の車両内で演算することにより安全性能を高めている。これにより何十台ものオートバイやスクーターが同時に割り込んできたり、逆から来たりする様な交通量の多い状況にもリアルタイムに対応し、また新たなシナリオが発生した場合には、それに対処する方法を学習し、継続的に改善していくことができる。」（NVIDIAホームページより）

　百度のApolloを搭載した、EV自動車メーカーARCFOX（極狐）の量産型無人運転シェアリングカー「Apollo Moon」では、カメラ13台、ミリ波レーダー5台、LiDAR2台を搭載しています。

　こうしたことからも、多くの道路、周辺状況を認識することは非常に重要です。刻一刻と変化する周囲を走行、移動する障害物を考慮しながら、最適な選択とスムーズな走行を実現することが必要となります。そのためには、多くのセンシング技術から記録されるデータを用い、ディープラーニングのAIモデルによる判定が求められるのです。膨大な走行データから学習する事前学習、想定外の

新たなシナリオに対応した追加の学習が、非常に安全性を保証する上でも重要な
取り組みとなっています。

　一方で収益性や現実的なコストに抑えるための取り組みはまだまだ発展途中と
言えるでしょう。

3.9.4　音声や映像認識と車両コントロール

　自動走行と密接な関係を持つのが、音声や映像認識による車両コントロールで
す。

　これまでも自動車の車内でカーナビの目的地を音声で設定できます。空調の温
度設定を変更したり、窓を開閉したりといった補助的な操作を音声によるコント
ロールで実現している車両はすでに存在し、多くのユーザーが利用中です。

　車社会であるアメリカでは、日本などよりはるかに自動車の移動中に、スマー
トフォンの発着信をします。仕事や友人、家族へのメッセージ送信や通話するこ
とも多く、日本国内よりもはるかに多く、音声コントロールを利用します。電話
の発信先を音声で指定し、通話したりする場面も頻繁です。OK GoogleやHey,
Siriも日本よりもアメリカのドライバーが使っているのをよく見かけることでし
ょう。

　音声によるコントロールを車内で利用するというインカーのシーンを見てみる
と、いくつかのケースがあります。[図3-16]

・ナビゲーションで目的地を設定したり、到着時間を聞いたりする

図3-16　インカーイメージ

・ハンズフリー通話で発信や着信をとる
・最寄りのガソリンスタンドやインターネットの検索結果を音声アシスタントで
　読み上げる
・レストランやカフェ、ショップに注文する
・道路の通行情報などの情報を得る
・車の操作制御として、空調温度コントロール、ワイパー操作、ドアロックなど
・自動車の操作マニュアルの情報を音声で得る（ARなどを活用したビジュアル
　の操作マニュアルなどもある）

　こうしたことに対応したテクノロジーやサービスを提供しているのは以下のプレーヤーです。

・自動車メーカー

　メルセデス、BMW、テスラや百度など、独自の音声アシスタントを提供しています。

・スマートフォン、デバイスメーカー

　AppleのCarPlayはSiriの音声アシスタントサポートにより、iPhoneを車内のディスプレイに接続します。Googleは車内音声アシスタント用のソフトウェア開発キット、Android Automotive OSとAndroid Autoを提供。音声アシスタントやAndroidのスマートフォンを、車内のインフォテインメントシステムに利用する技術を提供しています。

・大手企業が提供するサービス

　AmazonはAlexa Builtinを提供し、自動車メーカーの数社は音声アシスタントを自社の車両に提供しています。

　この環境下において、自動運転やADASを提供する企業は、音声認識による車両のコントロールも開発します。自動運転の目的地の設定やコントロールなどです。合わせてドライバーが運転する画像の認識から、目線の変化で注意力が散漫になっている状況や疲労具合などを理解します。シートベルトの装着状況や車線逸脱の把握もリアルタイムの判定が必要です。そしてドライバーのジャスチャー

による各種コントロールなど、これからの自動運転やADASを支えるインカーの動画・画像・音声の収集を、良質なトレーニングデータのために日々行っています。

　このような自動運転やADAS、安全のための自動車車内環境やコントロールでは、想定される環境や運転状態、道路などの状況を適切に捉えたデータを準備できるのかが鍵です。テスラなどの米国企業、日本企業、ヨーロッパや中国などの取り組みを紹介してきました。国や地域によって取り組み方や文化が異なるものの、各国や企業が凌ぎを削って開発競争を繰り広げている分野です。トレーニングデータの質と量が安全性や現実的な自動運転の市場投入時期の鍵を握っています。とくに中国企業の処理しているデータや障害物検出向けアノテーションの物量は、そのほかの地域を凌駕しているとも言えます。自動車の領域においては、トレーニングデータの質と量が安全性に直結するといえるのではないでしょうか。

3.10　AR／VR／MRとメタバース

　AR／VRや近年注目されている**メタバース**においても、トレーニングデータは活用されています。少し、これらのAR、VR、メタバースを概念的に整理してみましょう。

　ARはAugmented Realityの略で、日本語では拡張現実と呼ばれます。拡張現実と呼ばれるだけあって、現実世界の映像に写真やテキスト、デジタルデータなどを投影する技術です。すべてをデジタルデータで作成したり、準備したりする必要がありません。この技術を体感する環境としてはスマートフォンやタブレット、MicrosoftのHoloLens2や、Realwear社のデバイスのようなウェアラブルデバイスで利用します。AppleはARKitやRealityKitと呼ばれるARを開発するための環境やAPIを公開し、またGoogleはARCoreと呼ばれる開発環境を提供しています。ウェアラブルデバイスのみならず、多くのアプリケーションやソリューションの開発が加速し、iPhone、iPadや多くのAndroidデバイスで利用できるようになっています。iPhone／iPadにはLiDARのセンサーを搭載する機種もあるため、ARに必要な平面認識、3Dのモデル検出や距離の測長技術も向上し、適用範囲が増えています。[図3-17]

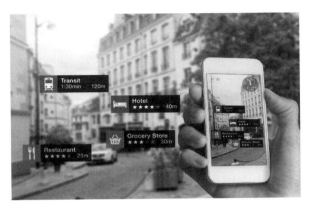

図3-17　Augumented Reality

　一方VRは、Virtual Reality - 仮想現実と呼ばれ、ARと異なり、360°すべての空間をデジタルデータで表現します。3D映像を視聴したり、空間内を実際に歩行したりして、仮想現実空間内を移動して、体感できるものです。多くの場合、VRはVR専用のデバイスとしてのウェアラブルを装着することで、体感しています。

　それらを融合した**MR**（Mixed Reality - 複合現実）という技術もあり、現実世界のフィジカルと仮想世界のデジタルを融合しています。ARとの違いは、デジタルのオブジェクトを移動したり、コントロールしたりできる点が大きな違いです。手のジェスチャーなどで操作したりします。

　Facebookだった企業が2021年10月に企業名をMetaに変更するとアナウンスし、メタバースの事業を牽引し、メタバース開発のプラットフォーマーとしてリードしていく姿勢を明らかにしました。

　VRとメタバースは仮想空間上での体感という視点では、似た技術です。VRは一人の人間があらかじめ用意された映像や空間を体験するものであり、あまり他者との関わりは前提としていません。メタバースの技術は仮想空間上で、自分のアバターと他のユーザーのアバターがコミュニケーションをとり、交流し、コミュニティーを形成するという世界を実現しようとしています。[**図3-18**]

図3-18　Metaverseイメージ

　AIとの関連性を考えたとき、AR, VR, メタバースにおいてはそれぞれのテクノロジー領域で、物体の検知や認識。情報の発信やコミュニケーションの補完、コンテンツの生成などがあります。

　これらの要素技術には、次のようなものがあります。

・物体検知と認識

　デジタル・オブジェクトを物理的なオブジェクトに重ね合わせ、相互作用を媒介します。物体検知、認識と重ね合わせのための座標位置を合わせます。

・物体ラベリング

　画像やシーン構成要素に説明用のラベルを表示します。美術館や博物館などで、絵画などの説明を表示したり、恐竜の説明を表示。単にテキストで説明を加えるだけでなく、画像や動画などを投影するケースもあります。

・音声認識

　発話されたキーワードにマッチした画像エフェクトをトリガーします。コントローラーやボタンによる操作だけでなく、音声によるコントロールを可能にします。

・テキスト認識と翻訳

　書籍や道路標識などの文字に翻訳を重ねて表示します。旅行者や他国語話者向けの情報発信や翻訳を提供します。

・プロシージャルコンテンツの生成

　キャラクター、環境、その他のグラフィックオブジェクトをオーダーメイドで作成します。ディープラーニングによる合成コンテンツを生成する場合もあります。

・バーチャルヒューマン

　人間の行動を模倣したバーチャルキャラクターです。

・エンボディッド・インタラクション

　人間の動きを忠実に模倣した、動作インタラクションシステムを構築します。

3.11　その他

　この章では、いくつかのAIを紹介してきました。いわゆる音声合成AIや画像合成AIについては、あまり紹介できなかったですし、これらの分類に含まれない、AIや領域は数多くあります。

　自然言語処理に関わる領域ではディープラーニングの進化で、中でもTransformationの手法を用いたモデルにより書籍や、ドキュメント、企業のアニュアルレポートや中期計画などを要約、そしてニュース記事の要約や、ミーティング時の音声から、話者特定などをし、オンラインやフィジカルのミーティングで、議事録を作成するなども広がってきています。

　また、テキストの内容に対し、含まれているやりとりや、単語から感情を推定したり、外部の顧客の自社製品に対する評判分析なども、業界やドメインごとに適用が進んできています。これにより、顧客満足度や顧客体験を向上させるとともに、デジタルマーケティングの効果を改善するためにもトレーニングデータは利用されています。

　契約書や業種ごとの文章なども、医療分野、法律関係、技術文章などの領域で、AIによる判定、辞書・コーパスの登録、データベース化などにもトレーニングデータは使用されています。

　Webサイトや検索サイトに関わる部分では、コンテンツモデレーションと呼ばれる、不特定多数のユーザーが投稿する書き込みやアップロードされる画像・

動画などが適切であるかどうかを判定するものや、Search Relevance（検索関連性）やContent Relevance（コンテンツ関連性）と呼ばれるものがあり、これにもトレーニングデータは使われています。

　Googleなどの検索エンジンでは、入力のデータによるクエリに対して、求められる検索結果を必要な順序で表示させるため、さまざまなWebサイトのデータを分析し、検索インデックスを作成しています。これらのインデックスをスコアリングしたり、ビジネス要件に関連したスコアリングなどを分析し、検索結果の妥当性を向上させています。また、これはWebサイト内に用いられているテキストの表現や単語などと密接に関係しています。こうした検索関連性やコンテンツ関連性にもトレーニングデータは使われています。

　このようなWebサイトの構築や、eコマースサイトなどでは、コンテンツや情報をオントロジーと呼ばれる概念で体系化したり、整理します。このオントロジーという概念は、元々哲学の用語で、「存在論」を意味しますが、ITやAIの領域では、概念、概念間の関係を体系化したり、知識やデータを統合管理することを意味します。そして複数のドメインでのオントロジー間で、同じ意味合いを持つ者同士を関連付ける処理をオントロジーマッピングと呼び、コンテンツや単語、タグなどのメタデータの分類や整理に欠かせない考え方です。

　また、POIのところで触れた地理情報は、**地理空間情報**（Geospatial Information）や**GIS**（Geographic Information System - **地理情報システム**）などと呼ばれ、POI情報と合わせ、地図情報、空撮映像など、ロケーションや地図、地形情報などと合わせて、建築土木、都市開発・計画、農業など、多くの産業にわたって利用されています。

　画像解析では、医療分野でも、細胞の培養研究、検査結果の画像解析、臨床データの分析などにも活用されます。

　そして、これらのテキスト、音声、画像、数値など、複数のデータ種別を関連付けて、単一のAIモデルで判定したり、出力したりする、マルチモーダルの活用事例も新しい事例です。

　この概念は、テキストを入力して、そのテキストの説明に相応しい画像を生成するものなど、これまでの単一の種別を扱うAIから進化し、新しい革新的技術が生み出されつつあります。

第 4 章

各種トレーニングデータ

これまで見てきたようにAIはトレーニングデータが要です。しかし、「［図1-7］　アッペンのホワイトペーパー」にあるように、トレーニングデータは重要視されていない傾向がみられます。本章では、トレーニングデータの種類や役割を通して重要性に踏み込みます。

4.1　音声データ

自動音声認識では人間の**音声**を認識・理解しテキストとして出力するというプロセスにおいて、ディープラーニング技術の進歩に伴い、ますます高度に進化しています。しかし精度は学習の方法によって大きく左右されることに変わりはなく、入力とされるトレーニングデータの品質とモデルの性能は密接に関わっているため、入力したものの質に応じた精度が得られるのです。

ASRのモデルをゼロから構築して音声認識のパイプラインを作る場合があります。またすでに作られた事前学習済みのモデルをファインチューニングすることも多く見られます。どちらも質の高い音声データには「性別」「年齢層」「国籍」「人種」「話者の特徴」などを考慮しつつ、バランスよく準備されることが必要です。

質の高い結果になるように、音声データは「性別」
「年齢層」「国籍」「人種」「話者の特徴」などを考慮
しつつ、バランスよく準備する

　こうしたバランスを考慮した上で、数十人、数百人の発話者のデータが必要で
あり、発話時間が数十時間や数百時間にわたるデータの収集が必要となります。
　トレーニングデータとして発話を正確なものにするには、高品質で検証済みの
トレーニングデータを準備することが必要です。モデルの使用目的に応じて、以
下のようなバリエーションがあります。

・独話形式で一人の発話者が発話したもの
・対話形式の音声データ（2人や3人など人間による対話形式）
・ひとりの人間が電話自動応答や音声サービスなどに話しかける

　このような場合、あらかじめ用意されたスクリプトを読み上げる形式がありま
す。また、より自然な会話形式にするため、テーマやシナリオなど概要だけを用
意こともあります。収録に参加する発話者の自発的な発話や即興による発話を、
テーマや特定ドメインのジャンルに使われる専門用語や話し言葉の表現を、でき
る限り再現して収録するなどです。
　これらの手法を選定する必要があります。
　スマートフォンの普及により、どのような場面でも、多くの国でも手元にマイ
クを持ったデバイスがあるような環境になってきました。さまざまな話者の発話
データや、さまざまな環境下での音声収録も手軽に行えるようになってきていま
す。

　複数話者での会話収録もZoomやTeams、LINE、Google Meetなど多くのリモートミーティング手法も日常的に使われているので、これまでより格段に収録のバリエーションも増加しています（もちろん求められる音声品質によっては、会議室や録音スタジオでの収録も必要です）。

　学習の際に音声合成を実行して発話データを作り、トレーニングデータとして利用します。音声合成で必要なテキストデータを入力して音声波形データを使うのではなく、エンコーダ部分から抜き出した特徴量のベクトルだけを学習に使うようなアプローチもあります。

　音声認識と音声合成も密接に関係する部分も多いのです。一般的に音声認識には数百時間といった膨大な発話データをトレーニングデータとして利用します。近年ではTransformerが大きな成果を上げていますが、音声合成ではより少ないトレーニングデータで学習できることもあります。音声合成の場合は特定の話者を想定して、質の良い学習を限られたデータで生成できる傾向もあるのです。

　汎用のDNNだけで音声認識が進化してきたわけではなく、環境状況を捉えるような、音声ならではの特性に応じてトレーニングデータを検討する必要があります。

　必要な環境のデータをすべてとらえようとすると、本当に莫大なデータが必要となってしまうため、それぞれのドメインに応じたデータの分類と整理が必要です。

　膨大なデータといえば、2022年9月の時点でOpenAIが発表したWhisperというASRシステムは、Web上から収集した68万時間の多言語・複数タスクの教師ありデータで学習されたシステムです。この論文では英語の音声認識で、人間に匹敵するロバスト性（堅牢性）と精度の実現を証明しようとしています。

　例として挙げられているのは、「非常に高速な英語の発話からの文字起こし」「KPOPの歌詞の文字起こし」「フランス語からの音声認識後に英語の文字起こし」「屋外の鳥のさえずりが聞こえるような環境で収録された、アクセントにクセのある音声を見事に文字起こし」などです。文字起こしに関しては複数言語で行え、さまざまな技術用語にも対応していることも驚くべきことだと思います。こうした対応の幅広さも68万時間のデータで学習されていることによるものです。

　これまでのさまざまな論文で発表された手法に使われているデータの量についても例が挙げられています。2020年に発表されたBaesvskiをはじめとするWav2Vec 2.0では、人手によるラベルを付与せず、生の音声データから直接学習

しているのが特徴です。一般的な学術目的の音声認識のトレーニングデータでは1,000時間程度の音声であることに対し、100万時間にもおよぶトレーニングデータでの事前学習を行っています。それでもファインチューニングには熟練した知識が必要となると記述されています。2018年のNarayananとその他、2020年のlikhomanenkoとその他、2021年のChanとその他による音声認識システムに関する論文でも、単一のソースで訓練したモデルよりも、多くのドメインやデータセットで学習したモデルの方が高いロバスト性を示していると述べられています。

　日常で会話するような場合でも、ビジネスのシーンで話すような会話と、自宅や友人とするような会話では発話状態や内容も異なるのです。

　ある研究では、日本語や英語など特定の言語フォーカスの音声認識器を作らず、ユニバーサルな言語に対応した音声認識器を作るような場合、複数の言語を取り込んだトレーニングデータのセットを作る場合もあります。この場合は英語など、非常にコーパスなど豊富に持った言語とマイナーな言語や新しく扱う言語などを混在させることにより、これらの言語の認識率を高めることもできる結果がみられたりもします。

　音声データだけでなく、文字起こしする場合もさまざまな基準が必要です。

4.1.1　音声データ収集の方法

　音声データを収集するにあたっては、

・Webクローリング
・自社にて蓄積された録音データ（コールセンターのやりとりなど）
・新たに音声収録
・外部ベンダーへの収録依頼
・クラウドリソースの活用
・収録済み音声データの活用

など、さまざまな収録や、外部企業に収録を委託する場合もできる限り統一した基準を作ることが望まれます。

図4-1 音声データの波形

表4-1 収録の品質や条件

項目	内容
録音デバイス	・高音質収録デバイス ・PC、スマートフォン、ICレコーダー等 ・マイクの指定 ・有線、無線接続の可否（Bluetooth接続デバイスの可否等）
ファイル形式	・WAVファイル等、ファイル形式の指定（圧縮、非圧縮の指定）
音質等	・音声ファイルの分解能に関する指定（16bit, 48kHzなどのようなビットレートとサンプリングレート） 　　注）一般的にCDではステレオ2チャンネルでビットレート16bit、サンプリングレート44.1kHzとなっている ・リニアPCMモノラル、ステレオなどの指定
録音環境	・スタジオ収録（無響室‐吸音材などに囲われ、音の反響も少なく、収録音にターゲットの絞れる場所、通常の録音スタジオなど） ・会議室等のスペースでの収録 ・自宅等のカジュアルな環境の可否 ・リモートミーティングインフラを使った録音の可否 ・雑音や環境音が入る環境の必要性（屋内、屋外や環境音の指定）
有効発話の正味の時間	・無音部分等も含め、認識可能な音声収録区間の時間指定
発話音声の長さ	・1セグメントあたりの秒数の指定など
話者の属性	・母国語の指定　　・居住地の指定　　・居住年数の指定 ・出身地や方言の有無に関する指定　　・年齢層　　・性別 ・人数、年齢層、性別等に関するばらつきの許容範囲 ・音声データに関する話者からの使用許諾や誓約書等

図4-2　音声収録

4.1.2　文字起こし

文字起こしの基準

　文字起こしを担当する人の人種や言語の成熟度、当該地域での居住年数などを指定する場合もあります。

　居住地域によって、方言に対する理解度や聞き分け能力も依存します。

図4-3　文字起こし

表4-2 文字起こしで考えること

考えること	内容
フィラーの取り扱い	文字中の言い淀みや「あー」「うー」のような文頭や接続にこのような音声が入った場合、文字起こしを発話通り行うか？などの取り決めが必要となります。
ひらがな、カタカナ、漢字表記の優先順位	外国語表記の取り決め。外国語も表記揺れが起こりやすい領域なので、英語の場合、英語で記述するのか？　カタカナで表記するのか？などの判定が必要です。
固有名詞の表記	人名や地名、製品名など固有名詞をどのように表記するのか？人名などは漢字でどのように表記するのかの取り決めが必要となります。
空白文字などを含めた半角と全角のルール	日本語の場合、見た目上は半角と全角の空白スペースはちょっとしたスペースの違いに過ぎません。コンピュータの認識上は別のデータとなるため、表記や使い方も厳密な定義が必要です。
音声の特色による文字起こし基準	文字間を長音で伸ばすような発話時の文字起こし方法、数字や住所、電話番号などの文字起こしの基準も、文字起こし担当者により判断が異なる部分です。表記もバラバラになる部分であるため、明確な基準を定義する必要があります。「こんにちは」か「こんにちわ」など音声から判定するひらがなと国語表記上正しいと思われる表現のどちらを採用するかも重要な基準です。
話者特定の有無	話者認識をしたり、複数話者による会話音声からの聞き分けの場合、収録チャネルを別チャネルで収録した場合は、どの文章をどの話者が発話しているのかの特定が容易です。複数話者の音声を同一チャネルで収録し、複数話者が同時に発話している場合の文字起こしルールなどを決める必要があります。話者の特定に関しては話者IDなどで当該発話文の話者が誰であるか？などをIDなどで指定したり、誰が話しているのかの特定が、文字起こしの担当者によって判断が難しい場合の分類の方法などを規定する必要があります。
文や文字起こし単位の指定	文章の終わりと考えられる、ある一定時間の無録音部分の判定などにより、文の終端をどのように特定するか、文字起こしの際の1セグメント区切りを文単位にするのかなどの単位の指定が必要です。
発話タイムラインの表記	どの音声部分にどの文が対応するのかを合わせるため、音声ファイルに対してのタイムラインの時間を文の情報に付与するなどもあります。

・多様性への考慮

　あとの章で詳しく説明しますが、AIモデルでは性別や年齢層、人種に対する
バイアス（偏り）がひとつの大きな課題となっています。開発する企業はバイア
スを大きく意識して開発を進めていく企業姿勢が求められるのです。このことを
Responsible AI（責任のあるAI）などと呼んだりします。

　いくつかの研究では自動音声認識のシステムが白人の発話には反応し、非白人
の発話には反応しにくかったりしたものもあります。スタンフォード大学の研究
では発話者の違いにより約2倍誤認識が多く、単語の取り違いにも多くの違いが
見られました。これはトレーニングデータ上に表現のバリエーションが取り込ま
れていないことに起因する問題です。

　性別やジェンダーの考慮も重要なファクターです。単に話者の性別が何かとい
うだけでなく、職業に関する話題やさまざまな用語の性別差を無くしたり、考慮
したりするのに足りる音声データのバリエーションを盛り込むことが求められま
す。

　アクセントやなまり、文語体と口語体のバリエーションも重要なファクターで
す。収録する地域や年齢層によっても使われる表現や選択する単語が異なる場合
も多く、こうしたバリエーションも考慮することが重要です。

　これまで説明したようなバイアスに考慮したデータ収集で、データの総量を増
やすことも重要ですが、クラウドソーシングによるさまざまな地域や言語、方言
をカバーした話者の利用は非常に効果的な方法だと言えます。

　著者が勤務するアッペンでは、全世界で100万人をこえる登録クラウドワーカ
ーの方々が、日々の収録や文字起こしの業務に従事しています。対応する国の数
も170カ国以上、235以上の言語や方言に対応している実績があり、日本国内で登
録いただいているクラウドワーカーの方々も2万人以上です。医療従事者や金融、
法律関係など、さまざまな領域での専門性を持ったエキスパートや言語学のエキ
スパートなども所属しているため、こうしたバリエーションのワーカーを活用す
ることもひとつの有効な方法です。

4.1.3　品質チェックの基準

　収録された発話の音声ファイルと、対応する文字起こしデータの品質をチェッ

クし、より高品質なトレーニングデータを準備する必要があります。通常話者とは別の品質チェック用の人員がチェックするなどです。音声の収録状況、雑音の有無、音量のバラツキや想定外の発話間違い有無など、音声ファイルに関するチェックをする担当者が必要です。文字起こしされた文に関する文字起こし間違い、単語の聞き間違い、文字起こしのルールや揺れの基準への対応状況をチェックする担当者などを置きます。

　チェックに際しては音声ファイルやテキストファイルの全数について、複数の品質チェック担当者によるダブルチェックを行います。文字起こし担当者や品質チェック担当者のルールの理解度、作業への成熟度などを考慮し、誰がどのデータをチェックするのか？　どの担当者の担当分をダブルチェックするのかなどを考慮する必要があります。

　こうした品質に関するチェックとカバレージは、トレーニングデータの品質を大きく左右します。

　もし開発される皆様が外部企業にこうした収録、文字起こし、品質チェックを依頼されるときは、納品時の受け入れ基準をどこまで満たすか？　品質チェックをどの程度まで行うのか？　データ収集、文字起こし、品質チェックの全体の費用や開発期間に関係してきます。受け入れチェックの労力などのトレードオフとなるため、事前にきちんと検討しておくことをオススメします。

4.2　画像データ

　それでは画像認識や動画認識などに使われる**画像**に関するトレーニングデータとはどのような意味があるのか、また良質な画像のトレーニングデータはどう準備していけばいいのかをみていきたいと思います。

　画像認識や動画認識などのように、カメラやビデオなどで収録された映像情報を、コンピュータで意味や価値のあるものとして理解していくことは、コンピュータビジョンと呼ばれる領域のテクノロジーです。

　アメリカで毎年開催される、IEEEの国際会議である**CVPR**（Computer Vision and Pattern Recognition）と呼ばれる学会があります。本学会では毎年多くのパターン認識技術や画像、動画認識、ディープラーニングのさまざまなモデルや手法が発表されます。トレーニングデータに関わる論文もあるのです。ここ数年から10年くらいあいだをみても画像認識やディープラーニングの応用に関し

て、大きな革新や衝撃を与える大きな進歩でした。

　画像認識については、2010年からILSVRC（ImageNet Large Scale Visual Recognition Challenge）と呼ばれる画像認識の競技会が開催されています。たった数年の間に凄まじい発表とディープラーニング技術の応用と、人間に追いついたり、人間を超える精度の認識ができるようになってしまいました。あまりに凄まじい進化であったため、2017年を最後に終了しています。

　ILSVRCではImageNetと呼ばれる1,419万枚の物体画像が使われます。物体クラスラベルとバウンディングボックスが付与された物体認識向けの画像データセットで、クラス分類も21,000です。バウンディングボックスとは、認識すべき物体画像の領域を、長方形などの矩形で囲み、認識すべき物体の画像領域をピクセルの座標で表しているものです。ISLVRSでは21,000のうち1,000分類を対象にしているが、ヒョウ、ユキヒョウ、ジャガーとチータを分類するというような人間にも難しい分類も含まれています。

　なお私はヒョウ、ユキヒョウ、ジャガー、チータの画像を見てもどれがどれだかさっぱりわかりません。

　コンテストで2012年にCNN（Convolutional Neural Network）、いわゆる畳み込みニューラルネットを利用したAlexNetと呼ばれる手法が発表されます。それまでのサポートベクターマシン（SVM）を組み合わせた機械学習の手法から、大きく誤差率を改善して注目されました。

　2010、2011年と優勝した手法はSVMを組み合わせた手法で、分類の誤差率は28％、26％です。年に1〜2％しか改善しなかったのに比べ、CNNを利用したAlexNetは16％と10％も改善し、AIの精度に関する世界Topの栄誉である「State of the Art」の称号を獲得しています。

　その後毎年のように新しい手法が発表され、この「State of the Art」は毎年新しいモデルが更新され続けて2017年まで続きます。

　画像認識に関わる代表的なCNNモデルを見てみましょう。

表4-3　画像認識に関わる代表的なCNNモデル

CNNモデル	内容
1998年 LeNet	Yann LeCunによるCNN元祖となるモデルです。 基本攻勢である畳み込み層とプーリング層から構成されています。
2012年 AlexNet	画像認識＝CNNというような一大ブームを巻き起こした論文で14層のネットワークです。
2014年 VGG	オックスフォード大学のVGG（Visual Geometry Group）によって開発され、2014年のILSVRCで僅差の2位となったモデルです。 16層のネットワークからなるものはVGG-16、19層あるものはVGG-19と呼ばれました。大きいフィルターで畳み込むよりも、小さいピクセル範囲のフィルターをいくつも繰り返す方が良いとされます。VGGでは小さいフィルターの畳み込みを繰り返し、プーリングレイヤーでサイズを半分にする手法をとっています。
2014年 GoogLeNet	Googleが開発した2014年にVGGをおさえて優勝したモデルです。異なるサイズの畳み込み層を並列に並べたInceptionと呼ばれるモジュールを組み合わせたもので、Inceptionの手法はその後のモデルにも大きく影響を与えています。22層のレイヤーからなります。
2015年 d ResNet	人の誤差率である5%を初めて超えたモデルです。誤差率3.57%を達成し、層構造を深くすると性能が落ちる問題を克服するため、Skip Connectionと呼ばれる層を飛び越える手法も使用します。最大で152層のレイヤー構造で大きく、その後の多くのモデルはResNetの進化系と考えられるのです。

　画像認識はCNNの進歩によって、ここ数年で大きく進化したことは間違いありません。高い精度を達成するには、効果的な畳み込み層のフィルター計算と勾配損失問題に対応しながらネットワークを多段化しています。このアプローチが進化していることをご理解いただけるのではないかと思います。

　画像トレーニングデータを考える上で、極めて重要なのは、入力に必要な良質なデータのみを入力することです。大規模な教師付きデータを揃えられるか？そして現実的に開発期間や労力、人的リソース、コストなどのトレードオフを検討します。準備可能なトレーニングデータという観点から重要なのは、転移学習とファインチューニングという考え方です。

　入力に良質なデータのみを入力することについては、また後ほど触れたいと思います。

　ここで転移学習とファインチューニングについてみてみましょう。

4.2.1 転移学習とは

転移学習とは、すでにあるドメインで学習済みのモデルを別のドメインに転用することです。新しいドメインでのトレーニングデータを少量のデータで学習したり、短い時間の学習で実用的に利用できるモデルを作り出します。たとえば前述したVGG-16のImageNetを使い、1,419万の画像データを利用し、1,000のクラスに分類ができるようになっているモデルを流用します。新たに用意する少ないトレーニングデータで別の画像認識を可能にするものです。

言語に関するトレーニングデータに置き換えると、多くのデータで学習したデータに対し、多言語や方言、アクセントなどのトレーニングデータを追加していくようなことがこれに当たります。そして、画像データにおいても効果が実証されているのです。

このモデルはすでに多くのデータを利用して、各レイヤーの重み付けの最適化が行われているため、多くのデータに対して、精度の高い認識ができるように学習されています。すでに学習済みのモデルを固定し、出力層に近い部分のレイヤーを新たに追加し、その層の重みだけを、新しいドメインの少量トレーニングデータを使って再調整することを指します。これによって非常に少ない時間で新たなドメインのデータに対応できるようにすることなのです。

・ファインチューニング

ファインチューニングは転移学習とは異なり、これまでの学習パイプラインは変更せず、後段のレイヤーの重みのみの微調整を指します。

数十万、数百万のデータで教育済みのものを、新たに数百から1000程度のデータで最適化するため、追加のトレーニングデータを用意することが容易です。

転移学習の応用例を次の表にまとめます。

表4-4 転移学習の応用例

応用例	内容
semi-supervised	・少量のラベル付きデータと大量のラベルなしデータを利用しての効果を目的としています。 ・初期のアウトプットで得られた出力のうち確率の高いものをラベルデータとして採用します。
active learning	・学習によく効くデータだけを選択してアノテーションします。

4.2.2　画像のトレーニングデータ

　画像のトレーニングデータの準備についても見ていきましょう。

　画像のトレーニングデータについては、収集可能な方法もさまざまな方法がとれるようになってきています。

　以下のようなさまざまな方法があります。

- ・Webクローリングによる収集（利用については権利等の注意が必要）
- ・既存データセットの利用
- ・社内で蓄積された自社データを活用
- ・新規に撮影

　撮影の方法も以下のように多岐にわたります。

- ・iPhone等のスマートフォンによる撮影
- ・高解像の業務用カメラ
- ・航空写真や衛星写真
- ・ドローンの活用
- ・監視カメラ
- ・定点カメラ

　トレーニングデータのバリエーションとして考えた場合、次のような撮影条件も非常に重要です。

- ・解像度
- ・縦横比
- ・撮影シーン（「室内・屋外」「影の有無」「日中の太陽光下」「順光/逆光」「曇りや雨や雪などの天候条件」「光源の有無」など）

　解像度とありますが、多くの場合、画像の特徴点を捉えるには解像度が高ければ高いほどいいように考えがちです。実際はピクセルの単位で計算していったり、認識単位も3×3や28×28ピクセルのような単位なので、さほど高解像のな画

像である必要がない場合もあります。フルHDの1920×1080の画素もあれば十分です。データ量を削減するため、前処理でダウンコンバートし、画素数を減らしてデータ量を絞ることもよくあります。

　トレーニングデータとして、人物や顔の入った画像を収集する場合は、次にあげるような撮影対象人物のバリエーションを考慮する必要があります。

・対象者の人種、国籍、居住地域
・年齢層
・性別の割合
・肌の色
・髪型など

　顔認識などでは、これらの撮影対象者のバリエーションと撮影シーンは認識精度に大きな影響を与える場合もあります。RGB上の色合いの特徴が、対象者の特徴から来るものなのか？　光源の有無によるものなのか？　こうした影響度合いを考慮する上でも、それぞれのバリエーションをトレーニングデータに含んでいることが望ましい状態です。「撮影された顔の向き」「角度などの属性情報」「帽子やマスク、手などで顔を覆っていたり」「影の影響」など、いくつかの要因で認識するべき面積が何%くらい識別可能なのか？　といった情報も必要となります。

　このようにさまざまな手段で用意された画像データをトレーニングデータとして活用する場合、どのような注意が必要でしょうか？

　トレーニングデータとして利用するデータを、利用前に整えたり、整備することをデータクレンジングと呼びます。データクレンジングは良質なトレーニングデータを用意する上で、非常に重要です。

　基本的な考え方しては、トレーニングデータそのものが間違っていると、あたりまえですが、精度の高いモデルは作成できないと言えます。よって次のことが重要です。

・認識しようとしているデータを正しく検出しようとしているか？

　人物が写った写真から顔を認識しようとしている際に、顔をバウンディングボックスで囲みます。領域指定して、顔を認識対象としている場合、顔でない対象

物を指定してしまうようなこともあり得ます。誤った物体を認識しようとしているデータが混入していないかをチェックすることは重要です。

・ラベリング間違い

クラス分類しようとする際、クラス分けのラベリングで、誤ったラベル付けをしてしまうこともあります。

ラベリングについては人手による確認や複数人でのラベル作業、別の人員による正しくラベル付与がなされているかの品質チェックなども重要です。

・人間でも間違いやすいデータは使わない

画像自体が不明瞭で、人間でも正確なラベル付けができないようなあいまいなデータは、トレーニングデータに含めないことが望ましいものです。

・データの整形

トレーニングデータとしての入力データも、本番でチェックするデータも、同じ形態のデータであることがいいです。画像の向きや解像度などは事前に整えておくことが良いでしょう。

・低い精度のデータを事前に取り除く

学習の過程で正解の確率が極めて低いようなデータは、あらかじめ除外データとして取り除き、それ以外のデータでモデルの学習を再実行することも有効です。

これらの基準で用意されたデータはあらかじめ前処理として、ノイズ除去、画像の解像度のダウンコンバート、エッジ強調処理などを実施したりします。

4.2.2　トレーニングデータを十分確保するための手法

トレーニングデータはカバレージを考慮して十分な物量を確保することは、前述した質を高める方策とともに重要な要素です。しかしながら工数の問題や開発期間、コストなどの問題や撮影対象物のレアさなども含めて、十分な分量やある特定のデータの数が少なくなってしまうことなども考えられます。

先ほど説明した転移学習は、少ないデータを活用する有効な手法のひとつですが、それ以外にどのような方法があるでしょうか？

・データ拡張（Data Augumentation）

データ拡張は既存のデータを加工することにより、見た目は似ていますがトレーニングデータとしては別のデータを作り出す次のようなテクニックで、既存データの水増しを意味しています。

- ・拡大・縮小
- ・フリップ
- ・回転
- ・上下・左右への位置のシフト
- ・輝度調整（ガンマ調整）
- ・トリミング
- ・ノイズの増加（ガウシアンぼかし、シャープ処理）
- ・コントラスト調整
- ・平均化フィルター

　これらの処理は非常に有効であり、Keres、TensorFlowのようなライブラリにはこれらの処理が実装されていたりします。

　しかしながらある一定のデータだけが多くなってしまい、過学習を招くことにもなりかねないため、どのデータを適用するかについては考慮が必要です。

・シンセティックデータの活用

　シンセティックデータもデータ拡張の手法のひとつですが、これは元データを加工するのではなく、完全に新たな画像を人工的に生成することを指します。著作権やさまざまな権利上、画像の入手が難しいような場合や撮影が難しい気象条件などを人工的に生成します。撮影が難しい地域の人種に似せた顔データであったり、夜間の撮影シーンのようなものを人工的に生成し、活用するものです。これは補完的に使う場合もあれば、開発の初期に全数シンセティックデータを使い、徐々に実写のデータを増やしていくようなケースもあります。

図4-4　シンセティックデータ

4.3　動画データ

　まず、トレーニングデータとしての動画を考える上で、**動画**とは何か？　ということから見てみましょう。

　動画はよくパラパラ漫画だと言われることがあります。一定時間内に静止画の画像をパラパラ漫画のように順次切り替えていくことにより、動きのあるものを滑らかに表現しているものが動画です。これは映画、テレビコンテンツ、YouTubeの動画コンテンツであったり、もちろんアニメでもこの原理が使われています。一定時間内の単位を1秒とし、1秒間の中で、何枚の画像で表現されているかという単位がフレームレートです。

4.3.1　フレームレート

　フレームレートとは、**fps**（frame per second）という単位で表され、1秒間に何枚の画像で動画が表現されているかを表しています。なお一般的な日本のテレビ放送の場合は30fpsなので、1秒間で30枚の画像が切り替えられています。1秒間に30枚あればあまり違和感のない動画として人間は捕捉できるのです。YouTubeのフレームレートも一般的には30fpsです。ただし動きの速いスポーツの動画などの場合には、60fpsの場合もあります。また、映画の場合24fpsが多く、これはフィルム時代の名残です。少し映画独特の映像表現や感覚は24fpsという

フレームレートからきています。フィルム時代にフィルムの距離が長すぎず、動画表現を損なわないバランスが24fpsだったのでしょう。現代のデジタルシネマでは、もちろん30、48、60、120fpsといった画像表現も可能です。依然24fpsの作品が多いのは映画ならではの映像表現に24fpsが適しているからでしょう。

　iPhoneで動画を撮影する場合、デフォルトでは30fpsです。

　フレームレートはおおよそ30fpsで、人間が見たとき自然な動きとして認識可能です。動きの速いものや、よりなめらかな動きに見えたい場合は、60fpsを使ったりします。

　30fpsというのは一般的な動画のフレームレートのひとつの目安です。Web会議のようなあまり動作の多くない映像では、15fpsで十分な場合もあります。また防犯カメラや、ネットワークカメラでは、常時録画の必要性が高いため、3-5fpsの低いフレームレートもよくあります。ドライブレコーダーなどは常時録画とはいえ、収録される被写体が高速移動するケースや横切るケースも多いため、標準では30fpsで記録されることが多いようです。

　このときフレームレートを上げれば、それだけデータのサイズは大きくなります。

　iOS16のビデオ撮影モードを見てみると、1分間のビデオサイズは、およそ以下の通りです。

・45MB（720p HD/30 fps、領域節約）

・65MB（1080p HD/30 fps、デフォルト）

・100MB（1080p HD/60 fps、よりスムーズ）

・150MB（4K/24 fps、映画のスタイル）

・190MB（4K/30 fps、高解像度）

・440MB（4K/60 fps、高解像度、よりスムーズ）

　1K相当の解像度の場合でも、30fpsと60fpsでは、約1.5倍のデータサイズの違いがあります。4Kでは、約2.3倍の違いがあります。

　1Kでフレームレートの違いにより1.5倍、4Kで2.3倍のように必ずしも2倍になっていないのは、動画データが圧縮されているためです。2022年9月時点でのiOS16で、この圧縮にはHEVC（正式名称はH.265）と呼ばれるコーデックを使用。HEVCはAppleでは、2017年に発表されたiOS11やmacOS High Sierraからサポー

ト。WindowsではWindows 10から、Androidは5.0+からサポート。そのほか
NetflixやAmazon Prime Videoなどでも、このファイル形式が使われています。
HEVCでは、それまでの動画圧縮方式のH.264（MPEG-4 AVC）より圧縮効率に
優れ、4K映像や5G通信を利用したストリーミング再生に効果を発揮すると言わ
れています。

　HEVCのような動画のコーデックでは、どのような方式で、データを圧縮して
いるのでしょうか？

　コーデックでの圧縮の方法には、

・フレーム間予測
・フレーム内圧縮

の2種類の方式があります。フレーム間予測ではニュース番組のように固定カメ
ラからのアナウンサーだけのような映像で、アナウンサーの口元くらいしか変化
がないため、変化のない情報をフレーム間予測として圧縮しています。一方フレ
ーム内圧縮では、映像に青空が広がるような場面で、同じ青空のブルーのカラー
表現が多くのピクセルで使われている場合にひとまとめに表現してしまう圧縮形
式です。これはZIPファイルの圧縮に使われる可逆圧縮と同じ方式ですね。

　圧縮の効率としては、圧倒的にフレーム間予測が有効です。フレーム間予測に
はIフレーム、Pフレーム、Bフレームというデータ定義の仕方があります。

表4-5　フレーム

フレームの種類	内容
キーフレーム（Iフレーム）	1フレーム内のすべての情報を保持しているフレーム
Pフレーム	前のIフレームを参照しなと差分しか表現できないフレーム
Bフレーム	前後のI, P, Bフレームを参照しないと差分しか表現できないフレーム

　h.264コーデックでキーフレームの間隔は大体60フレームくらい、MPEG-2で20
フレームくらいです。

　このようなことから、トレーニングデータに使われる動画の場合、フレームレ
ートやデータが非圧縮か、コーデックが使われているか？　圧縮工程で、どのく

らいキーフレームがあるのか？　という点はトレーニングデータには重要です。動画の認識や物体検出に必要な属性情報には以下のようなものがあります。

・バウンディングボックス
・キーポイント
・セグメンテーションマスク
　　　セマンティックセグメンテーション
　　　インスタンスセグメンテーション
　　　パノプティックセグメンテーション
　　　など

　静止画の画像の場合は、トレーニングデータのすべてのデータにこれらの属性情報をラベリングしてあげるものでした。動画に関しては、すべてのフレームにラベリングしていくことは、労力やコストの面を考えると、現実的ではありません。

　記録される映像のフレームレートと、付加するラベリング情報の間隔は、コスト面とのトレードオフや記録する被写体の移動速度、捉えるべき間隔に依存します。バウンディングボックスやキーポイント、セグメンテーションマスクのラベリング間隔は用途やかけられるコストから決められることもよくあります。

　ラベリングについてのよくある考え方は、1秒に1フレームずつとする場合や、キーフレームごとに行ったり、17fpsや24fpsのフレームレートにして全フレームに対してするといったことがあります。

　防犯カメラなどでの物体検知も物体の移動速度などを考慮する必要もありますし、ナンバープレートの文字を認識する場合はなどでは、30fpsくらいを指定する必要もあります。

4.3.2　自動車関連の動画データ

　自動車関連に用いられる動画データについて見てみましょう。
　自動車関連では近年、**自動運転**や**ADAS**（Advanced Driver-Assistance Systems - 先進運転支援システム）のテクノロジーを開発する上で、多くのソフトウェアが開発されます。内部的にはAIによるさまざまな判定が下されるため

に、多くの動画からのフレームデータによるトレーニングデータでモデルの学習を実行します。自動車の場合、自動運転やADASのシステムでは、複数のカメラで記録された画像データを利用します。そして、ミリ波レーダーやLiDARで収集された3D点群データも活用するのです。センサーフュージョンと呼ばれる技術で、複数のセンサーから収集されたデータから「天候」「輝度」「前方」「後方」「側方」などの情報を使用します。その時々に適した判断を実施、ECU（Electrical Control Unit、Engine Control Unitと呼ばれる場合もあります）によって燃料噴射量の制御やスロットル開度を制御します。また、ブレーキやステアリングの操舵角の制御などもソフトウェアでコントロールします。

テスラなどでは、一説によると一切LiDARは使わず、膨大なカメラからの画像データのみでこうした制御するという方針のようです。いずれにしても判定する際、カメラからの映像をトレーニングデータに使うことは、非常に大きな重要性を占めています。

カメラでは、どのように動画収集を行っているのでしょうか？

カメラといっても目的に応じて、複数の種類のカメラが搭載されています。

・単眼カメラデータ

高速道路のみの走行でも800万画素は必要とされ、レベル4以上では1,200万画素以上が画質として要求されています。

・複眼カメラデータ（ステレオカメラ）

単眼カメラで苦手とする距離測定を目的としたカメラです。左右の視差のずれや歪み補正のキャリブレーションを実行します。多くのカメラでは性能に優れたソニーのイメージセンサーが採用されることも多く、複眼のカメラを使うことで、全周囲の距離や画像認識ができます。死角を減らし、検出範囲を広く取れることが複眼カメラの特徴です。

複眼ステレオカメラの二つのカメラ間距離を基線長と言います。対象物と基線長、レンズのピントを合わせる焦点距離、レンズの奥にあるイメージセンサーまでの距離を使い、右カメラと左カメラとの同じ物体の位置がどのくらい視差としてずれているのか？　といった要素から三角測量の原理で対象物までの距離を計測し、これにより、単眼カメラからは検出が難しい、物体までの距離を計測します。

　視差を計算するためにはブロックマッチングという手法が取られます。片方の画像の着目点周辺を一定ピクセル数ごとの矩形に分割し、反対のカメラ画像の矩形をどのくらい並行移動させれば相関関係が高くなるかという計算から視差値を計算します。もちろん前段にレンズの歪みを補正するキャリブレーションや、左右カメラのY方向の座標位置合わせなどの微調整を前処理として行っています。

　また、トンネル内の暗い場所や、トンネル出口を出た晴れの日の画像などは、画像処理の**WDR**（Wide Dynamic Range - ワイドダイナミックレンジ）を使用し、暗い部分の画像と明るい部分の画像から別々に明るさ調整した画像を合成します。暗部の映像を明るく、明部の白抜けさせない映像処理を実行します。

　このようなカメラ技術を使い、走行の判定に必要な物体認識するためのデータを収集します。

　これらの収集された走行データには、どのようなトレーニングデータとしてのラベル付けがなされるのかを見ていきましょう。

・障害物のデータ

　自動車が走行する上で人間が運転する場合に目視で見ているものは、他の走行車両、歩行者、二輪車などです。総合的に周囲を移動している歩行者、車両類の認識と識別は重要です。前方・後方・側方を走行する障害物が対象となります。乗用車やトラック、二輪車、自転車、歩行者などです。

　多くの場合、別々のインスタンスとして認識されます。乗用車、トラックなどは別々のカテゴリとして認識され、同じカテゴリ内でも個別の車両は別々のユニークなIDで認識。高速道路など複数の車線がある場合は、自車の走行レーンを走っている車両なのか、左右のレーンを走る車両なのかの識別もされます。

　障害物には落下物、道路工事などで一時的に置かれている物体、合流地点の境界にあるポールなども重要な認識すべき物体です。とくにポールは、各フレームに存在している画像上の物体が何番目のポールなのかを認識することも、トレーニングデータのラベリングでは重要なファクターです。

・車線データ

　車線の境界を判定する路面表示のひとつである、区画線（レーンの線）も走行レーンを認識する上で重要です。車線の間の区画線や左右にある道路境界線の区

画線をポリゴンなどの線分でラベリングしていきます。この区画線、環境を意識して水性ペイントで作られ、夜間の視認性を良くするためにガラスビーズが混ぜられています。当然ながら塗装が剥げたり、まったくなかったりするので、あるであろう位置や間隔に合わせて、可能な限りポリゴンなどでラベリングします。自動で区画線をラベリングしていくこともあります。

・信号

　信号機も信号機の形状、青・黄・赤、右左折の信号などの円状バウンディングボックスと色、方向などをラベリングします。

・道路標識

　道路標識にもさまざまなものがあります。地域名や目的地の方向、国道などの種別を表示する案内標識。黄色で表示される交差点の形状や落石、勾配などの注意喚起を表示する境界標識。速度制限、通行規制などの規制標識。規制標識などの曜日や時間帯などを示す補助標識など、さまざまな道路標識があります。これらも可能な限り、物体として認識し、記載されている速度制限の数値や文字をOCRとして認識するための正解文字テキストをラベリングします。

・路面表示

　路面表示も道路標識と同様、図形的な意味を持つ、停止線や横断歩道、ゼブラゾーンのようなものです。速度制限などの数字として認識するものまでさまざまな種類と意味を持つものがあります。これらも意味合いも含めてラベリングします。

　対象物は映像として、天候状況などのバリエーションに応じて、映像の写り方が異なる場合もあります。それらの状況には晴れ・曇り・雨・雪・霧などの天候状況。日中・夜間、順光・逆光、反射、ヘッドライトの影響など光学的に考慮すべき点などがあります。

・ビデオトラッキング

　ビデオトラッキングとは、動画内にある移動するオブジェクトを見つけるプロセスのことで、技術自体はAIの技術とは別の映像技術として進化を遂げています。自動走行やADAS関連を考えた場合、高速道路などの前方を走行する車両な

どは、比較的似たようなスピードで走行します。走行方向も同一である場合、比較的トラッキングによる認識が容易です。急激な方向転換がある場合、フレームレートのスピードを超えるような移動の場合は追跡が難しい場合もあります。ビデオトラッキングは、カーネルベースの追跡やオブジェクトの境界を検出することによる輪郭追跡など、いくつかのアルゴリズムがあります。トレーニングデータの精度という点については、人間による目視チェックや複数名での品質チェックなどによる精度向上が望まれることも多いです。多くの物体認識やバウンディングボックス付与の効率性を考えた場合、ひとつのオプションとしてトラッキング技術を使うこともオプションのひとつです。

4.4　センシングデータ（3D点群データ）

3D点群データがADASや自動走行にLiDARからの出力データとしてAIモデルとして使われます。現在はiPhoneにもLiDARセンサーが搭載されているため、これまでは自動車やARヘッドセットに搭載されるだけだったため、かなり身近な存在となりました。LiDARは（Light Detection And Ranging）の略なので、レーザー光を対象物に照射し、反射光が帰るまでの時間を測定し、対象物までの距離を計測するものです。[図4-5]

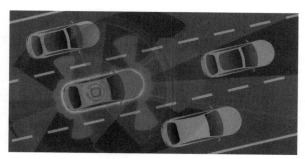

図4-5　LiDARイメージ

iPhoneなどに採用されるLiDARは、レーザー計測器のように距離を計測する用途に使われたり、カメラと組み合わせることで、暗部でもピントが合うように被写体までの距離を計測。ARアプリケーションでは、平面や物体までの距離を計測するなど、さまざまな用途に利用されます。

　工業分野では3Dスキャナとも呼ばれます。構造物や建築物の形状を計測したり、工場などの建物内の立体形状を自動計測できるものです。平面図面による検討ではわかりにくい、ロボットや搬送機器のような、動作のある物体の干渉チェックなど、3Dでの設計・検討などにも広く使われます。

　自動車用途では、従来、車線の保持や同じレーンの前方を走行する車両追随には、ミリ波レーダーが使われていました。ミリ波レーダーとカメラを利用することで、前方の対象物までの距離計測はできましたが、対象物の形状をきちんと計測することはできません。

4.4.1　LiDARの種類

　LiDARにも種類があり、水平方向にレーザー光を照射し、計測する方式では2D LiDARと呼ばれます。自動車のADASや自動走行に使われるLiDARは、高さ方向の座標も計測するため、3D LiDARとも呼びます。初期の3D LiDARやテスト車両では、レーザーユニット全体を360度モーターで回転させ、全方向の距離を計測するものが採用されていました。このタイプはモーター駆動であったり、マウント方式もデザイン的に突起物のようになってしまうため、ソリッドステート型と呼ばれるタイプのものが、自動車用途には主流になりつつあります。

　車載用では、主に近赤外線レーダーが使われ、波長905nmまたは1,550nmの近赤外線レーダーが使われます。用途に応じて、車両付近を計測する近距離測定用のものなどです。最大検出距離が100m、200m、250mや300mに達するものもあります。高速道路上での高速移動時にも、前方に存在する物体の距離や、形状を正確に捉えることが特徴になります。精度に関しても、250m〜300mの前方であっても15cm間隔の座標を捉えたり、点群として認識します。認識する物体が、人間や走行区分の間に設置されるポールやコーンなども正確に形状を捉えられるように進化しています。

　カメラによる画像では、LiDARに比べ色認識では優位性があるものの、天候の変化や強い日差し・暗闇などで認識精度が大きく落ちる場面もあります。一方でLiDARによる距離の計測は、こうした天候や光による影響を受けにくく、物体の形状、距離を計測するには優位に働きます。

　しかしながら、LiDARデバイスユニットの高価格が当初はデメリットでした。初期の代表格である、Velodyne Lidar社の製品は当初$75,000という価格帯でした。

2020年1月に同社が発表した、超小型・低価格モデルの「Velabit」では＄100となっているように、低価格化も熾烈な競争となっています。アメリカのLiDARベンチャーであるLuminar Technologiesは日産自動車、メルセデスベンツ、ボルボカーズ、上海汽車集団（SAIC）の車両などに採用され、イスラエルのInnoviz TechnologiesのLiDARはBMW、フランスのValeoはホンダやメルセデスベンツに、そしてトヨタではデンソー製やドイツのコンチネンタル社製のものを採用していると見られているように、さまざまなメーカーや、用途別に採用が進み、価格も低下してきています。ここにCMOSイメージセンサーのカメラで大きなシェアを持つソニーもLiDAR市場に加わり、低価格化と高性能化が大きく進化しています。

4.4.2　LiDARで測定された3D点群データ

　LiDARで測定された3D点群データがどのようなものなのかをみてみましょう。
　3D点群データとは、文字通り座標情報の集まりです。x, y, zの座標情報とRGBの色を持った点の情報が、群となって集合している状態なので、点群データ（Point Cloud）と呼ばれます。データを点群データ表示用やアノテーション用ツールで読み込みます。立体空間の中に道路や前方を走る乗用車、トラック、周囲の停止中の車両、歩行者、自転車や工事中の障害物など、さまざまな物体を点の集合体として表示します。
　ADASや自動走行用のデータとして、活用するには、認識すべき物体を、3Dのバウンディングボックス（立方体としての箱）や道路の通行可能帯をピクセルで認識させるなどします。カメラの画像からの物体検知と同様、点群データ上での認識用ラベルデータが必要となるのです。
　一般的に、自車の周辺に停止したり、移動したりする障害物としての物体を認識します。

・自動車
・トラック、バスなど大型車両
・自転車
・バイク
・陸橋

・ポール
・工事中の障害物
・車道の境界

　ここに挙げたものは一例です。こうした対象物を認識するための物体を3Dバウンディングボックスで囲んだり、領域内に存在する点群を目視での認識をしやすくするために、色分けを行ったりします。色分けしたデータが、座標と共に色（RGB）情報がひとつのラベリング情報として定義されます。これらの自動車などの障害物には固有のIDを付加し、物体の移動を予測や進路変更をしたり場所が入れ替わったりした場合でも、どの車両を認識し、どの位置関係なのかを把握し、車両001、車両002のような固有のIDで認識します。合流車線などに設置されているポールなども、何本目のポールなのか？　という位置関係を認識するためにも、固有のIDを割り当て。道路の走行可能な範囲などは、点や線で車道と歩道の境界を区別したり、領域を面としてのピクセルでマスキングした情報を付与し、通行可能な領域を指定します。複数車線がある場合には、自車走行レーンと自車走行以外のレーンなどを色分けするなどして、走行レーンと自車、他車との位置関係を認識します。これは画像の認識と同様な分類です。

4.5　シンセティックデータ

　これまで紹介してきたような画像や動画のトレーニングデータとは異なり、現実世界の生の写真や動画像を収集するのではなく、人工的に合成された画像や動画を学習させる目的としています。広義な意味で**シンセティックデータ**は、画像や動画などのイメージデータとは限りません。音声合成ソフトを使い、与えたテキストを読ませて生成された音声なども、シンセティックデータと考えられます。ディープラーニングの進化に伴い、Googleが2018年に発表した、BERTのアルゴリズムを用いた文書生成で作られたテキストを利用することも、シンセティックデータと考えられるでしょう。またCGの技術を用いて架空の映像や動画を生成すること。フォトショップなどを使って、画像を加工したり、生のデータに写っているナンバープレートの番号や記号を変更することも、シンセティックデータと言えるでしょう。
　ディープラーニングの発展では、**GAN**（Generative Adversarial Network -

敵対的生成ネットワーク）と呼ばれるモデルがあり、シンセティックデータの画像も生成できます。GANは、2014年にIan Goodfellowらによって発表されたモデルで、二つのニューラルネットワークがゼロサムゲームとして競い合うような思想のモデルです。

　トレーニングデータセットが与えられる場合、別の新しいデータを生成する技術です。もし画像で学習されたGANのモデルがあった場合、人間にとっては、表面上見分けのつかない新しい画像データを生成します。元々GANは教師なし学習モデルの派生として開発されましたが、半教師あり、教師あり、強化学習でも効果のあることが証明されているのです。

　GANは入力されたラベルなし画像データから学習し、画像の特徴点を修得します。学習された特徴点を用い、実在しないデータを生成できます。その一方で、学習の不安定さや、生成されるデータに論理的におかしい部分の存在があることも考慮すべき点として認識されているのです。こうしたことから、GANから生成されたデータは、質をチェックし、望ましいデータのみを利用することが必要です。

　なぜシンセティックデータをトレーニングに利用するのでしょうか？　それにはいくつかの理由があります。

・プライバシーや著作権に対する配慮

　人物の検出や顔認識などのモデルを開発する場合、人物が写っている写真画像の入手が必要です。近年のAIモデル開発に関しても倫理性の考慮や、国ごとに規定されている個人情報、著作権などに関わる、法令や規制への配慮が必要です。倫理的なAIの開発が大前提となってきています。

　こうした状況の中、とくに個人情報に対する配慮が重要です。個人情報保護に関わる法令に配慮し、必要のない個人情報の削除や、顔部分へのマスキングによって個人の特定をできないようにしたり、本人の利用同意の意思表示取得なども厳格化しています。企業においても個人情報や著作権、国ごとに異なる法令の遵守の観点から簡単にデータの収集や利用、利用許諾取得が難しい場合もあります。こうした状況下では、シンセティックデータを利用することにより、実在しない人物のデータのため、個人情報や利用同意を考慮する必要がないというのがメリットです。利用に関わる社内手続きの手間を省けることもあります。

・取得コストや入手容易性

　人物のデータに関しても、AIモデルの妥当性を考えた場合、ダイバシティ（多様性）の考慮も重要な要素のひとつです。人物の画像データを取得する場合「居住地域」「人種」「肌の色」「性別」「年齢層」「髪型のバリエーション」など考慮するべき属性、数の均等性などが必要です。地域により、コストもばらついたり、画像の入手や同意の取得の容易性も異なります。

　自動運転に関わる画像・動画の取得や物体検知のトレーニングデータの場合、コーナーケースの条件を網羅したデータで学習する必要性もあります。天候、気象の変化に対応した画像、昼間や夜間、順光や逆光などです。異なる条件下の画像や、危険な場所、立ち入りが困難であったり、取得が難しい画像などのケースもあります。こうした場合、シンセティックデータの利用は有効です。

・開発期間の短縮

　AIモデルの開発初期段階において、必要な数や質のトレーニングデータの入手に時間のかかるケースはよくあることです。足りないデータをシンセティックデータで補うことは有効です。夜間や悪天候時の画像は最初シンセティックデータで補い、徐々に実物のデータで補完したり、置き換えたりすることで、シンセティックデータを有効活用します。

　合成されるシンセティックデータでは人物の肌の色や表情、年齢、髪型などをコンピュータで生成できます。パスポートなど、一般的に入手の難しい画像データの写真部分、国籍やフォーマット、生年月日や発行年月日などの記載内容もランダムに生成することが可能です。

　AI-OCRに利用されるような見積書、注文書、請求書などの帳票類も記載内容やフォント、用紙内の記載場所のバリエーションを変更しながら生成するテクノロジーもあります。

　監視カメラや物体検知で認識される、自動車のナンバープレートなどでも同様です。国ごとに異なるナンバープレートの形状、デザインや数字、アルファベット、地域名なども変更して生成できます。ナンバープレートの画像に対しても、泥汚れなどのノイズデータを追加することも可能です。

　自動車の走行データなども、実車やテスト車両などの走行データを元にした、天候や気象に関連したデータを準備することもあります。そして完全にシミュレ

ーションによる走行データの合成による作成も、多くの企業が利用しているのです。こうした技術には、ゲームエンジンなどの3Dゲームのテクノロジーが転用されていることもあります。

　トレーニングデータをシンセティックデータで補うことで、潜在的なユースケースやエッジケースをすべて満たし、データ収集のコストを削減しつつプライバシー要件に対応できます。

第 5 章

データアノテーション

　教師あり学習に使用するトレーニングデータには、データアノテーションが必要です。本章では、データアノテーションについての解説を行います。

5.1　データアノテーションとは？

　第2章でも見てきたように、**アノテーション**という言葉自体は「注釈」「注解」という意味や注釈を付けるという意味があったり、プログラミング用語では、メタデータの付加を指したりします。

　AIの世界では「テキスト」「音声」「画像」などデータに対してタグを付ける作業のことを意味し、音声認識や機械翻訳の領域では「文字起こし」のこともアノテーションと呼ぶこともあります。画像や動画の領域では、モデル開発に必要な認識したい対象物や、分析したい画像中のピクセル領域を長方形の矩形で囲い、ピクセルデータ上の領域指定するバウンディングボックスに付与するのがアノテーションです。特定ピクセルをポリゴンで囲い、ポリゴン領域内のピクセルをある色で塗りつぶすセグメンテーションもアノテーションと呼びます。

　アノテーション作業工程は質の高いトレーニングデータをデータセットとして、音声ファイルや画像ファイルなどと共に、必要なラベルデータやタグ情報を付加する大切な工程のひとつです。

　データそのものを非常に高い質のデータとして準備できたとしても、ラベル・タグデータに付け間違いがあったり、順番が間違ってしまうエラーによってトレーニングデータとしての質が下がってしまいます。この工程は、データそのものと並んで、非常に重要なのです。

　まずここでこれまでの章でも触れていますが、データアノテーションの種類をまとめてみましょう。

5.1.1　文字起こし

　発話音声などの音声ファイルに対して、音声の内容をテキストで文字起こしします。話者の特定をする場合は、話者IDなど、どの話者の発話内容なのかの情報や「発話時間」「性別」「年齢層」「居住地」「出身地」などの話者属性情報を付与する場合もあります。

・セマンティックアノテーション

　セマンティック（意味）情報のタグ付けを意味し、テキストやドキュメントの情報に対して「人」「場所」「組織」「製品」など構造化されていないコンテンツに対して、関連する概念をメタデータとしてタグ付けします。タグ情報はナレッジグラフなどのコンテンツに紐付けされ、説明文追加などに利用されたり、「検索」「テキスト識別」「テキスト分析」「コンセプト抽出」「関係抽出」「インデックス作成」などに利用されます。

・画像アノテーション

　画像認識や物体認識、姿勢推定などに利用される情報を付加します。ピクセル内の特定領域や、検出したい物体が含まれる領域をピクセル内の座標で指定します。この座標の指定には、長方形の矩形で、4頂点の座標することが、シンプルでスタンダードです。円や点、多頂点のポリゴンで領域を細かく指定することもあります。また、セグメンテーションマスクでは、体のパーツを17分割や24分割などの領域をポリゴンで囲みます。それぞれのパーツに割り当てられた色で表現し、right_upper_arm（右上腕部）などのラベルを割り当てるのです。姿勢制御では、キーポイントと呼ばれる、人や動物などの代表的な「目」「鼻」「口」「体の関節部分」などに点を打ちます。それらを線分で接続することによって人物、動物などのスケルトン（骨組み）図を描画し姿勢や行動の状態を検出します。

・動画アノテーション

　動画像は、静止画の集合であるため、付与されるアノテーション情報は、画像のアノテーションと同様です。動画では物体が止まっていて、動作がない場合ともあります。動きがある物体でたとえば1秒間に30フレーム（コマ）の場合、最初のフレームから30フレーム目まで物体の位置が変わったり、物体の大きさも

変化します。バウンディングボックスを手動で付与したり、サイズを修正することもあるでしょう。トラッキングの技術を使いフレーム間での場所を推定し、自動でバウンディングボックスを付与。その後、位置やサイズを目視で修正する場合もあります。動画中すべてのフレームに付与する場合もありますが、当然労力やコストが高くなるためあまり現実的ではありません。キーフレームのみ、動作があった場合など、用途によって付与の間隔は異なります。動画においてもよくキーポイントも利用します。

・テキスト分類、コンテンツ分類

ニュースやスポーツ情報などでもよく利用されます。テキスト情報に対し、文章や段落などを、あらかじめ決められたラベルリストに基づき、ニュースのカテゴリやスポーツの種別などの分類を行ったりします。

・テキストチャンク

Text Chunkingと呼ばれる物です。機械学習などのトレーニングデータに利用するため、品詞をタグ付けします。名詞、動詞、助詞、形容詞などの品詞タグ付けを指します。

・エンティティアノテーション

テキストに対して「人」「物」「場所」「事象」「概念」などのカテゴリ情報をタグ付けします。この情報を元にAIは文章の意味を理解します。

・エンティティリンキング

エンティティアノテーションによって付与されたタグ情報を、関連性によって、タグ付けします。企業名とその企業の製品名などのように紐付けをします。

・インテント抽出

インテント抽出は、チャットボットなどでよく使われます。同じ単語を使った表現に対してその意図を抽出します。単語がどのような意図を表しているかを定義することで、チャットボットの場合は、意図に沿った返答文や回答を準備するのです。

・固有表現抽出

「組織名」「人名」「地名」「日付」「時間」「金額」「割合」などの定義に基づいた
単語をタグ付けします。エンティティアノテーションと似ていますが、固有表現
抽出では、表現すべき内容の分類が定義されています。

　前述したようにこれらのデータアノテーションはデータそのものと同様、非常
に重要なものです。もちろんこれらのタグの付与をある程度自動で行うツールや
手法などもありますが、データの精度を考えた場合、人間の手によって付与し、
品質のチェックを別のチェッカーが行う場合もあります。そのくらいデータアノ
テーションの工程は、トレーニングデータをデータセットとして準備すること
で、重要な位置付けの作業です。

5.2　プリラベリングデータ

　トレーニングデータにあらかじめ、必要なラベリング・タグ付けがされた**プリ
ラベリングデータ**（ラベリング済みデータ）が提供されたり、販売されたりする
ケースがあります。あらかじめこのデータで学習済みのモデルも存在し、精度の
指標も明らかになっているものが多いため、データを独自に入手したりアノテー
ションの工数やコストが十分でない場合には有効なアプローチです。

　教育目的やAI開発のためのプラットフォームに関連して、公開されていたり
プラットフォームのサイトから入手したりできます。大規模な実用的なデータと
小規模で、学習やトライアル目的としてデータ量や数の少ないトイデータと呼ば
れる小規模データの場合もあります。

　これらのデータを利用する際には、目的と利用条件、ライセンス規定などの注
意が必要です。多くのオープンデータは、教育目的や非営利目的などの条件が定
義されている場合もあります。学習用途であったり個人理解のための利用では、
多くのデータセットが利用できるものの、商用利用の場合は注意が必要です。

・mnist

　0～9までの手書き文字画像が7万枚用意され、学習用のデータとして広く利用
されます。0～9までの手書き画像に合わせて、該当する0～9までの数字がラベル

データとして、アノテーションされているのです。CNNの基礎理解に学習用デ
ータとして使われることも多く、TensorFlowなどのライブラリには、あらかじ
め用意されている場合もあります。

・Pascal VOC

PASCAL（Pattern Analysis, Statistical Modeling and Computational
Learning）のVOC（Visual Object Classes）という画像認識のチャレンジに用い
られていた歴史的に有名なデータセットです。2005年から開始され2012年に終了
したため、データセットとしては、VOC 2007、VOC 2012などのバージョンが
存在します。当初は、物体認識と物体検出を対象としていました。その後セマン
ティックセグメンテーションと人物の動作の分類が追加されます。画像の量も
7,000から10,000に増やされるなどして、多くの場面で利用されますが、CNNの
テストで利用するとデータ量の問題から過学習になるケースもあるとされました。

・ImageNet

2010年から2017年まで開催されたILSVRC（ImageNet Large Schel Visual
Recognition Challenge）のコンテストでも利用された、有名な画像用データセッ
トです。ImageNetと呼ばれる1,419万枚の物体画像に物体クラスラベルとバウン
ディングボックスが付与された物体認識向けの画像データセットで、クラス分類
も21,000におよびます。スタンフォード大学の研究チームが作り上げ、同じスタ
ンフォード内のWordNetと呼ばれる語彙データベースに準拠したクラス分類が
なされています。

・COCO（Common Object in Context）

Microsoftが提供するMS COCO（Microsoft Common Object in Context）と呼
ばれるデータセットです。33万枚の画像で、うち20万枚はラベル付けされており、
150万の物体が画像内に含まれています。一画像あたり、5つのキャプション（自
然言語による説明文）が含まれていて、25万人分の人の画像に17のキーポイント
が設定される。セグメンテーションマスクでは、80の物体カテゴリーに分類され
たセグメンテーションが付与されています。

・YouTube - 8Mデータセット

　Googleが公開するYouTube-8Mデータセットと呼ばれ、610万のユニークな動画セットで、合計35万時間のボリュームがあり、3,862のクラスに分類されています。このデータセットにはセグメントデータセットという拡張版もあり、人間が検証した23万7千のセグメントラベルが付けられたものです。このラベルは、ゲーム、アートとエンタテイメントなどのようなカテゴリごとに定められたエンティティが、それぞれのカテゴリ内でタグ付けされています。

・YouTube - バウンディングボックスデータセット

　このデータセットは24万の公開されているYouTubeビデオから、15〜20秒の動画セグメントが約38万用意され、1秒につき1フレームに対しバウンディングボックスが付与されています。

・TensorFlow

　TensorFlowは、Googleが提供する、AI開発用のオープンソースライブラリで、TensorFlow Datasetというデータセットが提供されています。200を超えるデータセットが利用でき「音声」「テキスト」「画像」「動画」といった標準的なもの。「自然言語理解」「質疑応答」「レコメンデーション」「翻訳」といったものなど、多岐にわたるデータセットが提供されています。

・Open Image

　Googleが公開する900万枚の画像のデータセットです。物体検知用のバウンディングボックスが付与されたもので、セグメンテーションマスク用のアノテーションがされたものです。Visual relationshipと呼ばれる動作とビジュアルの関係性がラベルされています。Localized Narrativesと呼ばれる当該画像を口頭で説明し、文字起こしされたテキストで、説明部分がハイライト表示されるなどの特徴があります。画像は6,000のカテゴリーに分類されています。

・アッペン

　アッペンではプリラベリングデータセットとして、2023年5月現在、80の言語での270のデータセットをライセンス可能なデータセットとして提供中です。「音

声」「テキスト」「画像」「動画」などのデータを含みます。音声認識向け、音声合成向け、OCR向け、人の顔や身体などの物体検知向けなど用途もさまざまです。これらは導入後すぐに学習をスタートできる点が特徴です。

　https://appen.com/pre-labeled-datasets/ からデータセットを検索し、サンプルデータをリクエストできます。

　ここでは、比較的、画像関連のデータセットを多く紹介しました。それ以外にも食品や料理のような画像やドローンからの空撮画像。音声や自然言語処理系のデータセットなども多く存在しています。

　利用条件などをよく検討する必要がある一方、これらのデータセットをうまく活用することで、モデルの開発を加速することも重要なファクターです。

5.3　音声データからのアノテーション

　音声データからのデータアノテーションは、文字起こしを指すことがよくあります。この作業は英語でTranscription（トランスクリプション）です。記者・ライターの方々や議事録作成などで音声から文字を起こすのも、同じ文字起こし作業です。最近では、リモートミーティングのプラットフォームには、自動で文字起こしをする機能もあります。

　AIのトレーニングデータに関わる文字起こしは、記者・ライターの方が、本文や記事で使うテキストや、議事録などで使われる内容とは明らかに異なります。

音声データを機械学習トレーニングデータに用いる
際には、話し手による特徴の違いほかに気を付ける

　ひとつはフィラーと呼ばれる、会話の合間などに無意識に発せられる、「えっと」、「あー」、「うーん」のような言葉や言い回しのことですが、これを正確に文字起こしすることが求められるのです。似た表現で、あいづちやいい淀みなども同じです。

　これらを厳密に文字起こしをすることや、ある条件のときにはしないなどの規定もあるため、この「フィラー」「あいづち」「いい淀み」の文字起こしを慎重に行います。そしてこれらは複数のアノテーターによる文字起こしの場合、表記ゆれがよくあるため、注意が必要です。フィラーなどの表現は、言語によっても注意点が異なるため、正確な基準の設定と、文字起こし担当者の慎重な対応が求められます。

　そして日本語の場合「漢字」「かな」「カタカナ」混じり文であることも特徴のひとつであるため、これらの表記方法に関しても、統一した基準と注意が必要です。また「人名」「地名」なども同一音声で、複数の表記がある場合や、同じ音声や意味の言葉で漢字や送り仮名が異なる場合もあります。

　金額、年数など、数詞に関わる文字起こしなども複雑なポイントです。漢数字で書く場合、ローマ数字で書く場合など統一した考え方が必要となります。

　日本語や外国語のテキスト情報の場合、見た目がほぼ同じに見えて、文字コードが異なる文字などもあったり、環境依存文字を使わないなどの注意も必要です。

　文字起こしについて、複数のアノテーターが同じ基準で、同じアウトプットを出せるようにしていくことが重要です。これらを別の担当者が、基準通りに文字起こしできているかのチェックも欠かせません。このような考え方に基づいて正しい文字起こしをすることが品質の大きなポイントです。

　また、文字起こしには話者特定も、複数話者の音声の場合必要となることがあります。

　音声だけでなく、同時に映像も収録可能な場合には、映像も参考にすると、話者の特定や識別が容易になるケースもあります。複数話者の会話音声やミーティング形式の音声の場合、同時に発せられるあいづちなどを文字起こしするのかどうかも大切な基準のうちのひとつです。音声収録時に、音声ファイルに対して「話者ID」「発話者の性別」「年齢層」「音声の収録時間」などのタグ情報を付加することがあります。文字起こし時にこれらのデータとの関連付けを間違ってしまったり、話者IDの紐付け間違いや性別の紐付け間違いも起こりがちなエラーのひとつなので注意が必要です。

　これらのデータの紐付けは、文字起こしする際のアノテーション用プラットフォームにそのような機能を持っているものもあります。多くのデータを扱う場合や正確な文字起こしとタグ付けが必要な場合は、活用することもひとつの方法です。

　文字起こし担当者が音声ファイルに対して、文ごとや文節ごと、一定の時間や無録音時間ごとに音声分割するケースもあります。このような分割データをタイムラインの時間との関連付けをし、音声ファイルの発話部分の、一致する文字起こしテキストの紐付けもデータアノテーションでは重要です。

5.4　テキストデータのアノテーション

　データアノテーションの種類のところでも触れたように、アノテーションの種類によって、**テキストデータ**に対するアノテーションも、とくに自然言語処理などに関わる領域で多くあります。日本語のテキストに対して、それに対応した翻訳データを用意することもある意味アノテーション工程の一種かもしれません。多くのドキュメントデータを収集し、契約書などの日本語版、英語版の翻訳セットをきちんと管理することも大切です。

　エンティティアノテーション、固有表現抽出などでは、単語に対して、適切なタグを付与することが求められます。これらのタグ情報は、あらかじめ登録されたタグから選択することも多いため、適切なタグの分類リストを定義しておくことも必要です。

　チャットボットやサポートセンター、顧客窓口の膨大なやり取りのテキストデータから、適切な単語の抽出やタグの設定、感情分析などで注目するべき単語や表現などもこれらのテキストに付与するタグの一部と言えます。

　これらの付与されるべきタグやカテゴリー情報などは、テキストアノテーションをするプラットフォームの環境下で、単語の選択、与えられた分類などはビジュアルでチェックできることが必要です。

　また、単語に付与されるタグは複数の種類である場合も存在します。ひとつの単語に複数のタグ、属性情報を付加した際それが見た目に認識できるのか？　また複数タグが設定できないようなケースもあります。このあたりも重要なポイントです。

　そして、タグ付けされた単語の属性情報を、関連付けることもエンティティリ

ンキングと呼ばれます。「単語のラベリング」「ラベリングのビジュアルでの確
認」「適切なタグの付与」「単語・タグ情報同士の関連付け」が効率的に行え、間
違いを防ぐ環境と効率は大切です。

　このようにして設定された単語やタグ情報を目的に応じて、辞書化・コーパス
化します。翻訳や文章の要約、議事録作成など自然言語処理を生かした業界やド
メイン固有の情報を整理し、扱うことが自然言語処理系でのデータアノテーショ
ンで重要です。

5.5　画像データのアノテーション

5.5.1　画像データの属性情報

　画像データにはAIモデルを開発する上で画像自体を見て判断できる属性情報
と、画像内に写っている物体がどのような属性情報を本来持っているかなど目に
見える情報と、目に見えない情報が存在します。

　多くの場合、目に見えない属性情報は、人間に関わる部分の情報が多いです。
ここから整理してみましょう。

　画像データの場合、Webクローリングで画像データを集めてきたり、データ
セットの画像を利用する場合などを除き、カメラ撮影でデータを集めることが多
いです。

　自分や企業の自社内で撮影する場合、カメラによる画像は生のデータを準備す
るため、多くの場合Exif（Exchangeable Image File Format）と呼ばれる情報が
JPEGファイル内に保存されています。画像を目視して確認できる画像内の物体、
サイズ、必要なラベル情報のほか、Exif情報としてファイルが保持している情報
もあります。

・撮影日時
・位置情報
・撮影方向
・撮影機器のメーカー名
・カメラ、スマホなどのモデル名

・解像度
・シャッター速度、絞り（F値）、ISO感度、焦点距離
など

　これらの情報とともに、撮影者や著作権情報、コメントなどを追加することも
できます。
　このような情報はデータの確かさ、ソース情報、太陽光や照明などの外部要因
によるデータの分析などに欠かせない情報となります。また位置情報の有無も、
AIモデル開発の上で、被写体の人物の個人情報と関連性を考慮する必要もある
ため、注意が必要な項目です。
　カメラで撮影された画像ファイルに付帯する情報以外に、撮影者や撮影される
対象人物でないとわかり得ない情報や、本人だと正確にわかる情報もあります。

・性別
・居住地域や国籍、出身地
・人種
・年齢層
・肌の色
・撮影時の天候
・照明などの有無

　対象人物の属性情報はデータの質や、倫理的な面からも考慮したり、分析結果
に要因として盛り込んだりする必要のある、大切なデータです。

図5-1　ダイバシティのイメージ

　この図から見える情報として、

・マスク、帽子やスマートフォン、カメラなどで隠れる物体と見える顔の割合
・身に付けているものの有無
・顔の角度
・画像内のとっている行動

など、モデル開発に必要な属性情報は、アノテーターが画像を見て判断できるような情報も多くあります。

図5-2　帽子のイメージ

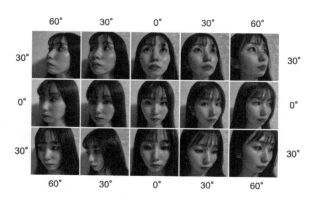

図5-3　フェースポーズのイメージ

　対象者自身の情報と、アノテーターが画像から判断して付加することが可能な情報を整理し、アノテーションをすることが大切です。

　これらの情報の多くは、個人情報と関わる可能性も多く含まれるため、利用には十分に注意する必要があります。データセットなどについても、こうした個人情報の許諾関係については、自分で確認する必要なものもあります。アノテーションをする情報とともに、対象者から、モデル開発に利用する同意を取得するなども重要です。

5.5.2　バウンディングボックス

　物体検出において初期のCNNでは、与えられた画像に対して3×3や128×128のような一定ピクセルサイズのボックスを、画像の一番左上から右下に向けて1ピクセルずつずらして、走査しました。そうすることで、画像分類器による特徴点とのマッチングを計測し、分類します。この方式は非常に計算ボリュームが大きく、時間のかかるアルゴリズムでした。

　その後、物体検出やそのための対象物体が、画像の中のどの領域にあるのかを計算するために、CNNの応用例が考え出されます。

　ひとつの画像にひとつの物体が存在する場合の物体検出は、比較的シンプルです。しかし、ひとつの画像に複数の物体が存在する場合や、それらの物体が重なり合う場合、そして対象の物体が立っていたり、寝そべっていたりするような、縦横のアスペクト比が異なる場合の検出は複雑になります。物体検出の画像内に物体が存在する位置を予想することは、画像内のバウンディングボックスの位置とサイズを予測するタスクです。その中に含まれる物体が人なのか、「猫」なのか、「くるま」なのかを分類するのが、分類のタスクです。

　これを学習するために、トレーニングデータの対象物にバウンディングボックスを付与し、内包している物体のラベル付けをすることが、バウンディングボックスのアノテーションとなります。

　R-CNN（Regional-based CNN）と呼ばれるモデルでは、Selective Searchと呼ばれる手法で候補となる領域を見つけ、該当するバウンディングボックスを探索する手法です。

　その後のFast R-CNN、Faster R-CNNと呼ばれる手法では、別の手法が採られます。R-CNNで任意のサイズのバウンディングボックスを生成して計算してい

ました。Fast R-CNN、Faster R-CNNでは、入力として画像データのほか、RoI（Region of Interest）と呼ばれる領域として与えるのです。このRoIこそがバウンディングボックスで、領域の左隅のx, y座標と、ボックスの幅と高さ、w, hの4つの情報で定義します。

　この後R-CNN、Fast R-CNN、Faster R-CNNなどの、複数のパイプライン処理の物体検出から、End-to-endのモデルが提案され、YOLOとSSDが出てきます。

　YOLO（You only Look Once）は高速、かつ背景の誤検出を抑えられる一方、検出できる物体は2つまでというのが制約です。そして高速な分、検出精度がFaster R-CNNに劣ります。

　SSDはSingle Shot Detectorの略で、YOLOより高速で、Faster R-CNNと同等の精度を実現しています。

　このほかにもMask R-CNNやYOLOの改良版、「FPN」「RetinaNet」「M2Det」「CSPNet」など多くの手法が提案されます。

　画像の物体検出において、トレーニングデータのバウンディングボックスの位置、サイズを正確に与えること、また、その物体に対するラベルデータを付与することは、物体検出のタスクでの重要な工程となります。

　バウンディングボックスは矩形だけでなくポリゴンで囲った多角形や、円、点などで指定することもあり、目的に応じて使い分けます。

図5-5　多角形ポリゴンの例

5.5.3　キーポイント

　キーポイントは、骨格検出や姿勢推定と呼ばれるタスクです。人物の目・鼻・口・耳のようなポイントや、手・足の先端や関節部分などのポイント点を予測するためのポイントとなります。

　キーポイントは、当初人物に使われることを前提に考えられました。しかし特徴点としては、人間に限ったものではないため、犬や馬のような動物の骨格、姿勢推定などにも利用されます。

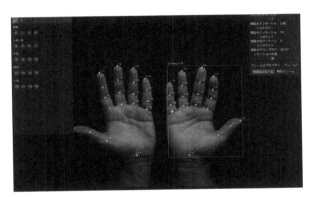

図5-5　手のキーポイント

　これらの骨格検出や姿勢推定は点を結べば、骨格モデル（スケルトン）として視覚化できるため、人間であった場合は、人物がどのような姿勢をとっているのか？　サッカーなどでは、フィールドのプレイヤーがどのようなアクションをとっているのかなど、スポーツの分析や動作の分類など、さまざまなユースケースで用いられるのです。対象が馬の場合、競走馬の状態の分析などにも利用されます。

　姿勢推定にもいくつかのアプローチがあります。トップダウンのアプローチとボトムアップのアプローチです。

　トップダウンのアプローチでは、画像の中の対象物をはじめに検知し、対象物ごとの特徴点の座標を推定する方法です。このアプローチでは先に人物を切り出すため、人物の大小の影響を受けづらく、精度の高いことが特徴。一方で検出人数が増えると、検出速度が低下したり、人が密集していると重なりの影響で、人物自体が検出しにくくなる弱点もあります。

　ボトムアップのアプローチでは、一旦画像中の物体の座標点を検出し、座標点をグルーピング、対象物を特定する。ボトムアップのアプローチでは、高速に処理ができる特徴からリアルタイムの検出に向いています。対象の人物が小さい画像の場合や、画像中に対象人物が1名だけしか写っていない場合は、逆に処理に時間がかかったりします。

　トップダウンのアプローチでは、DeepPoseのモデルが最初にディープラーニングを適用した手法です。「Mask R-CNN」「Cascaded Pyramid Network (CPN)」「SimpleBaseline」「HRNet」などがトップダウンのアプローチです。

　ボトムアップのアプローチでは、多人数のリアルタイム姿勢推定のモデルとして、オープンソースで公開されている、

- OpenPose
- PoseNet
- Associative Embedding
- PifPaf
- HigherHRNet

などのモデルがあります。

　キーポイントは、これらのモデルや各種データセットにも使われています。

　OpenCVはIntelが開発した画像・動画などのコンピュータビジョンに対する、オープンソースのライブラリです。前述のOpenPoseもOpenCVのライブラリを使って、実装できます。

　COCOチャレンジにおいても、2016, 2017, 2020とキーポイント検出のタスクが開催されました。COCOデータセットにおいても、姿勢推定のチャレンジがありました。

　これらのキーポイントでは、0〜17で指定される人間の体の関節や目、鼻、耳など構成されています。目などは中央部分だけと簡素化されています。

　また、Braze PoseはGoogleの開発した3D座標を取得できる骨格検知モデルです。人間の身体にある33点のキーポイントに対して、x, y, zの3D座標を取得するものです。BrazePoseでは、目は左右それぞれ中央と両端。口も左右の口角。手も親指、人差し指、小指のそれぞれ先端なども含まれ、キーポイントが構成されています。

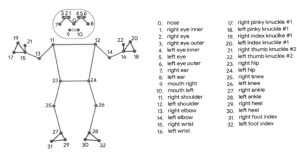

0.	nose
1.	right eye inner
2.	right eye
3.	right eye outer
4.	left eye inner
5.	left eye
6.	left eye outer
7.	right ear
8.	left ear
9.	mouth right
10.	mouth left
11.	right shoulder
12.	left shoulder
13.	right elbow
14.	left elbow
15.	right wrist
16.	left wrist

17.	right pinky knuckle #1
18.	left pinky knuckle #1
19.	right index knuckle #1
20.	left index knuckle #1
21.	right thumb knuckle #2
22.	left thumb knuckle #2
23.	right hip
24.	left hip
25.	right knee
26.	left knee
27.	right ankle
28.	left ankle
29.	right heel
30.	left heel
31.	right foot index
32.	left foot index

出典：https://developers.google.com/mediapipe/solutions/vision/pose_landmarker

図5-6　Braze Pose

5.5.4　セグメンテーションマスク

　セグメンテーションマスクは、Mask R-CNNで進化を遂げたものです。画像のピクセル（画素の領域）に対してポリゴンなどで領域を区切り、領域内を任意のカラーで塗りつぶし、領域に対して意味合いを持たせるものです。

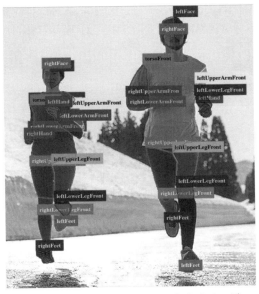

図5-7　セグメンテーションマスクのイメージ

図5-8　ADAS向けセグメンテーションマスクの例1

図5-9　ADAS向けセグメンテーションマスクの例2

　たとえば、空の部分をポリゴンで囲み、ライトブルーで塗りつぶし、skyとラベルします。または人間や自動車の車両、道路などをそれぞれ領域に区切り、あらかじめ設定されたカラーとラベリングを付けます。ラベリング作業により、トレーニングデータを作成することで、ピクセルレベルで物体を認識できるモデルの作成ができるものです。

　マスク方式は、用途によっていくつか種類があります。

・セマンティックセグメンテーション

　シンプルにカテゴリーごとに「空」「人物」「車両」「道路」「街路樹」のように分類、カテゴリーを認識するものがセマンティックセグメンテーションと呼ばれます。これは人や自動車の車両などは、一括りに同じカテゴリーとして扱い、個々の人の区別や車両の区別は行いません。

・インスタンスセグメンテーション

　セマンティックセグメンテーションに対してインスタンスセグメンテーションは、認識できるインスタンスは、同一カテゴリ内であっても、別々のインスタンスとして認識します。画像内にある複数台の車両は別々の領域、別々の色でラベリングし、与えるクラスも別々のクラスラベルを付与します。

・パノプティックセグメンテーション

　そしてパノプティックセグメンテーションは、セマンティックセグメンテーションとパノプティックセグメンテーションを組み合わせたものです。数えられる物体はインスタンス単位で選択し、それ以外はカテゴリごとに分類する組み合わせ技となります。

　一般的にセマンティックセグメンテーションのようなマスクによる領域分割のセグメンテーションを行い、アノテーションをすることは多くの労力がかかります。シンプルに矩形による領域指定のバウンディングボックスと異なり、領域指定のための労力や時間がかかりコストのかかることがデメリットです。

　大量のトレーニングデータによる、セグメンテーションマスクなどの画像認識は、非常にパワフルと言えます。単なる物体認識や検出だけでなく、人物などの場合、身体の各パーツの一なども含めて、姿勢検出にも利用することが可能です。

　しかし、データ作成と準備に時間も労力もかかります。もし医療分野や化学の分野などで細胞の画像にマスキングするとなると、ポリゴンによる領域指定では、曲線部のポリゴン指定に多くのクリック数を要し、それだけ時間がかかるのです。

　これらの編集にもいろいろな指定ができるツールやテクノロジーが存在します。ポリゴンによる指定以外にもブラシによる境界の指定、フィル機能の使用、マジックワンド（日本語だとまさに魔法の杖ですね）と呼ばれるエッジの部分の画像強度差を利用した指定、スーパーピクセルと呼ばれる同様の画素特徴の色や塊ごとの領域に分割して指定していく方法などで、効率化を図ることも可能になってきています。

5.5.5　3D点群データ

　自動車の自動運転やADAS（先進運転支援システム）などでは、画像データとともにLiDARから収集された3Dの点群データがあります。

　3D点群データ自体は、x, y, zからなる3Dの座標情報と、RGBのカラーの情報からなります。取得した生データをなんらかのビューワーで読み込んだ際には、多くの場合、白色のポイントの点群でしかありません。自動車なのか、トラックなのか、障害物なのか、見分けがつかない場合もあります。点群データに対して、自動車やトラックのような車両のバウンディングボックスを付加することが多いです。3Dの点群データであるため、立体のバウンディングボックスで表すことがよくあります。

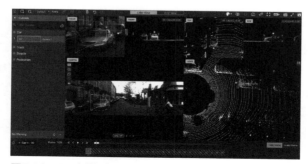

図5-10　3D点群データ

　立方体で囲うバウンディングボックスは三面図のように前方・後方から、左右側面方向から、上部・下部から視点を変更します。変更しながら、点群のポジションを確認し、位置やサイズを調整していくのです。

　立方体で囲われた物体に対し、「car1」「car2」…や「truck1」「truck2」や「bus1」「bus2」のようなユニークなIDをラベル情報として付加します。

　認識すべき対象物は自動車、トラック、バス、二輪車などの車両です。自転車、歩行者、その他の障害物などもあります。走行可能帯などをセグメンテーションマスクのような形で平面情報を認識するケースもあります。

図5-11　　3D点群データによる車線認識

　センターラインの白線や走行レーンと路側内の境界部分に対して、走行ラインを直線部分、カーブ部分にポリゴンで線分を定義することも画像に対する白線認識と同様、重要なアノテーション作業です。

　立方体で囲われた領域内の点群の固まりに対してはあらかじめ定義された色をアノテーションし、他の白色などの点群と、視認性の意味から色を付ける場合がよくあります。

　センサーフュージョンと呼ばれるように、カメラから収集する画像情報で認識される物体と、LiDARセンサーから収集された点群データを同じタイムラインで認識される同一の物体として認識することも必要です。同一タイムラインの画像情報を参照しながら、ラベル付けするなど、アノテーションツールが提供する機能を活用することも有効です。

　この場合、3Dで付加される立体オブジェクトのラベルと、2Dカメラ画像に付与されるバウンディングボックスのラベルデータをIDで一致させます。予測によりオブジェクトを同期させたりすることも、センサーフュージョンでの2D・3D情報の活用で大切です。

5.6　アノテーションフォーマット

　ここまで説明してきた**アノテーションデータ**は、さまざまなデータがあります。実際どのようなフォーマットで出力され、準備されるのでしょうか？

　結論から言うと、フォーマットは、使うアノテーションツールや、トレーニングデータセットを読み込む環境に依存します。モデル開発やトレーニング工程では、多くの場合Pythonなどのプログラムで使われることが多いため、プログラム側で読み込むフォーマットとして、読み込みやすければなんでもいいとも言えます。極論してしまえば、プログラム側から正しくインポートできさえすれば、テキストファイル（.txt）や、データ項目をカンマで区切ったcsvファイル（.csv）ファイルなどで問題ありません。

　タグ情報なども含めて、プログラムからの扱いやすさから言えば、XMLファイルやJSONフォーマットのファイルもよく使われます。XMLフォーマットは、もともとマークアップ言語の一種であるため、文章の見た目を整えたり、構造を記述することが容易です。データに対するタグを記述し、データのやりとりや管理のためにも使われます。座標情報やラベル情報、画像に映る物体の属性情報など、データに対する説明文などわかりやすく記載したり、階層構造で記述することによるデータの整理などが可能です。

　一方、JSONと呼ばれるファイルフォーマットは、JavaScript Object Notationの略です。JavaScriptでのオブジェクトの記述には、{}や[ ]などを使って記述します。記述言語でありデータ、タグを表現することでJavaScriptはもちろんのこと、Pythonなど多くのプログラムやデータ変換ツールなどで利用しやすいフォーマットです。

　これらのデータをExcelなどで表現することももちろんあるでしょう。

　さまざまな画像認識や物体検出で開発された専用フォーマットも存在し、特定用途で作られたツールの採用していたフォーマットが、画像のAIトレーニングデータを表現するフォーマットとして広く利用されています。

5.6.1　YOLOフォーマット

YOLO（You Only Look Once: United, Real-Time Object Detection）で 紹 介された、CNNを利用したディープラーニングの物体検出のモデルです。このデータセットで使われているフォーマットのことです。

物体のひとつを1行で表しているため、ひとつの画像に3つの物体が存在する場合は、3行で表現します。Category IDと呼ばれる物体ラベルのID（整数で表現）と物体中心の座標（x, y）と物体のサイズ - 高さと幅（w, h）で表現します。座標は、画像の左上を（0.0, 0.0）右下を（1.0, 1.0）とし、浮動小数点の相対座標で表現します。（w, h）は、画像全体の高さ、幅を（1.0, 1.0）としたときの相対値で表現します。

5.6.2　COCOフォーマット

Microsoftが提供する**MS COCO**のデータセットで利用されます。データセットのアノテーション情報を取得するライブラリ、MS COCO APIを利用することで、JSONフォーマットで記載されるMS COCOデータセットのタグ情報を取得することもできます。MS COCOは「画像分類」「物体検出」「セマンティックセグメンテーション」「インスタンスセグメンテーション」「キャプション生成」「姿勢推定」のタスクを前提としているため、これらに関するアノテーション情報が含まれています。

```
{
    "info": {...},
    "licenses": [
        {
            "id": 1,
            "name": "Attribution-NonCommercial-ShareAlike License",
            "url": "http://creativecommons.org/licenses/by-nc-sa/2.0/",
        },
        ...
    ],
    "categories": [
        ...
        {
            "id": 2,
            "name": "cat",
            "supercategory": "animal",
            "keypoints": ["nose", "head", ...],
            "skeleton": [[12, 14], [14, 16], ...]
        },
        ...
    ],
    "images": [
        {
            "id": 1,
            "license": 1,
            "file_name": "<filename0>.<ext>",
            "height": 480,
            "width": 640,
            "date_captured": null
        },
        ...
    ],
    "annotations": [
        {
            "id": 1,
            "image_id": 1,
            "category_id": 2,
            "bbox": [260, 177, 231, 199],
            "segmentation": [...],
            "keypoints": [224, 226, 2, ...],
            "num_keypoints": 10,
            "score": 0.95,
            "area": 45969,
            "iscrowd": 0
        },
        ...
    ]
}
```

図5-12　COCO Format例

表5-1　画像IDに属する情報

data_captured	画像の取得日付・時刻
file_name	画像ファイル名: xxx.jpg
flickr_url	もともとはMicrosoftのFlickrの画像であるため、この名前、画像のURL
coco_url	画像のURL
height	640×480ピクセルの画像の場合、640
id	画像データのユニークID
license	適用されるライセンス条件種別
width	640×480ピクセルの画像の場合、480

表5-2　アノテーション情報

anno_ids	1画像に対して複数のアノテーション情報があるため、そのID
area	領域内の合計ピクセル数
bbox	バウンディングボックスの情報。バウンディングボックス左上の座標とwidth, heightの4項目
category_id	1はpersonなど、対象オブジェクトのカテゴリラベル
id	注釈の識別子
image_id	画像データのユニークID
iscrowd	0か1が入る、セグメンテーションの領域が何か別の物体で分断される場合、複数の領域となるため、1が入る
segmentation	[x1, y1, x2, y2, …]のように領域指定のポリゴン座標を列挙
caption	画像の説明文
num_keypoints	キーポイントの数、MS COCOでは17。キーポイントの情報はカテゴリ内に記述

表5-3　categories（カテゴリ内の情報をリストで表現）

supercategory	上位カテゴリ: personやvehicleなど
id	ユニークなID
name	person, carなど
keypoints	[ ]リストでnose, left_eye,….のように記述)
skeleton	関節や部位の接続中をリストで記載[16, 14],[14, 12]…left_ankleとleft_kneeやleft_kneeとleft_hipのような接続順

5.6.2　Pascal VOCフォーマット

　画像認識のチャレンジに用いられているフォーマットです。物体認識と物体検出から始まり、セマンティックセグメンテーションと人物の動作分類が含まれます。xmlファイルフォーマットで記述され、<annotation>から記述を始めます。

　表現されている内容はMS COCOに似ているものの、MSCOCOのJSONフォーマットに対して、Pascal VOCは可読性において冗長に感じます。

　バウンディングボックスの記述方法も以下のような違いがあります。

・MS COCOバウンディングボックスの記述例

bbox (x-top left, y-top left, width, height)

・Pascal VOCバウンディングボックスの記述例

```
<bndbox>
            <xmin>233</xmin>
            <xmin>89</xmin>
            <xmin>386</xmin>
            <xmin>262</xmin>
</bndbox>
```

第**6**章
アノテーションツール

　本章では、アノテーションを正確に、効率的に行うアノテーションツールについての解説を行います。

6.1　アノテーションツールの種類

　前章でご紹介したさまざまなアノテーションには、アノテーションを付与するためのさまざまな環境、ソフトウェア、プラットフォームが存在します。**アノテーター**は、**アノテーションツール**を使いこなし、アノテーションを付与します。

　アノテーションツールには、以下のものがあります。

・個人で自分のデスクトップ環境でローカルに行うもの
・セキュリティやデータの観点からオンプレミス環境で、社内のネットワークに
　閉じて行うもの
・Cloud環境でSaaSにより実行し、ブラウザ環境から実行でき、さまざまな地域
　やメンバーで利用できるものなど、実行環境もいろいろ対応したもの

　バウンディングボックス専門の機能や音声ファイルだけを扱うのものなど、あるドメイン専門のソフトウェアがあれば、「ひとつの環境下でいろいろなアノテーション作業ができる統合的なもの」「単純にアノテーション図形やラベルを付与し、特定のフォーマットで出力するだけの機能を持つもの」「プロジェクト管理、リソース管理、工程管理、進捗管理、レポート、監査機能などまでを統合したもの」など機能や領域も多くのバリエーションがあります。

　費用的にもオープンソースで無料にて使えるもの、無料で使い始められ、機能制限を解除したりある規模以上のデータ量を扱う場合には有償になるもの、もともと有償で高機能なものまで、費用や料金体系もさまざまです。

どのようなデータアノテーションツールがあるのか見てみましょう。
無料で利用できるものから見てみます。

・VoTT

　VoTTはMicrosoftが開発したオープンソースのツールで、Visual Object Tagging Toolの略です。Windows以外でも、LinuxyやmacOSの環境で利用できます。自分で用意したデータに対して利用するのが中心で、事前学習済みのCoco SSDを使って、アノテーションファイル作成を予測モデルでアシストする機能があります。画像や動画に対するアノテーションが中心です。出力は「Azure Custom Vision」「Microsoft Congnitive Toolkit（CNTK）」など、Microsoftがサポートする環境と、それ以外にTensorFlow向け「Pascal VOC」「JSON準拠のVoTT」「csv」などのフォーマットに出力します。

・LabelMe

　米国マサチューセッツ工科大学（MIT）が開発したオープンソースの画像用アノテーションツールにLabelMeがあります。LabelMeはセマンティックセグメンテーションや、インスタンスセグメンテーションなどの画像に対してアノテーションを実施します。矩形、ポリゴン、円などの図形でアノテーション作業を実行します。Labelmeはローカルのウェブブラウザ上で利用できるため、企業が保持する機密情報に対してリスクなく、アノテーションを実施できます。

・COCO Annotator

　これも無料で使えるツールです。Webブラウザから利用するアプリケーションになります。姿勢推定のためにキーポイント設定のできる特徴があり、各種キーポイントの付与と、ポイント間の接続ができるツールです。出力には、COCOフォーマットのJSONを出力します。

・Amazon SageMaker Ground Truth

　AWSが提供するアノテーションツールで、「画像分類」「物体検出」「セマンティックセグメンテーション」「ラベル検証」「文書分類」「固有表現抽出」に利用できます。カスタムジョブによって、自社向けのアノテーション設定を定義できたり、Amazon Mechanical Turkと呼ばれるリソースを利用することが可能です。

このリソースのアウトプットは品質が保証されていないので、自己責任での利用が必要です。

　これらの無料で利用できるアノテーションツールは、比較的容易にセットアップでき、個人の利用には、問題なく基本的なアノテーションを実行することが可能なものもあります。

　しかし、管理機能などはもともと持っていなかったり、セキュリティ面の対策や複数人数で実行する環境とはなっていないものがあります。そういった利用には、やはり有償版が必要となる場面も多々あります。

・FastLabel

　FastLabel株式会社の開発したアノテーションプラットフォームで、日本国内で認知度、利用者ともの広く知られているソフトウェアです。SaaSによる利用であり無料から利用し始められ、理解しやすい操作性なのが特徴です。ユーザー数が増えたり、扱うデータ量や1,000件を超えるデータ数になると、Pro版、Enterprise版として有料のプランが用意されています。各種AIアシスト機能も搭載され、有料プランを中心に、目的に応じたAIアシスト機能が用意されています。

　目的別でも多くのユースケースに対応しており「言語」「テキスト系」「画像・動画」「自動車関係のアノテーション」など、広範囲に対応しています。

・Annofab

　有限会社来栖川電算の開発したプラットフォームで、一般的な画像アノテーション機能の他「動画」「センサデータ」「音声」など、時系列に合わせたアノテーションが可能となっているプラットフォームです。アノテーションの付与のサービスとして行っているため、実際の利用場面からフィードバックされた豊富な編集、効率化の機能が実装されています。無料で利用できるプランとビジネス向けプランが用意されています。データセキュリティ面などは、ビジネスプランでIPアドレスによる閲覧制限を行ったり、データを顧客管理のクラウドストレージに保管し、連動させる機能などを保有します。

・Appen Data Annotation Platform

　筆者の勤務するアッペンが自社開発するプラットフォームです。社内のコード

名ではMatrixGoをいう名称で呼ばれます。世界中のアノテーション業務で、クラウドワーカーと呼ばれる100万人以上の登録ワーカーのアノテーション業務に利用されています。豊富なアノテーション機能と「音声」「テキスト」「自然言語処理」「画像」「動画」「LiDAR点群データ」や「地理空間情報」「POIデータ」など、さまざまなユースケースのアノテーションに対応しています。アノテーションに関しては各種AIアシスト機能や自動音声認識、自動翻訳、OCR、トラッキングなどのエンジンを搭載しており、顧客独自のエンジンを組み込むことも可能です。「外部のベンダーマネジメント」「リソース管理」「プロジェクト管理」「データ管理機能」「監査機能」なども備え、プロ業務に耐えるプラットフォーム環境となっています。その分、プロジェクト定義、テンプレート設定、ファイル管理のスクリプトなど利用定義には設定が必要であり、大規模、大人数でのプロジェクト遂行を前提としているため、環境への成熟がある程度求められる環境とも言えます。

図6-1　Appen Data Annotation Platformイメージ

　このように用途に応じてここに列挙しきれないほど、さまざまなツール、プラットフォームがあるため目的に応じた選定が可能です。

6.2　データ収集

　アノテーションツールで**データ収集**するの？　という疑問もあるかもしれませんが、重要なファクターです。

　音声データの場合は、一般にマイク付き録音デバイスやスマートフォンを使い、複数人数での音声の収録時には、それぞれにマイクを付けて音声収録します。会議形式の場合は、リモートミーティングのプラットフォームであるZoom、Teamsなどを利用して収録する場合もあります。もちろんアノテーションのためにはデータとしてはWAVEなどの音声データがファイルとしてあればいいのです。それに加えて、収録時の「話者ID」「性別」「年齢層」などの個人の属性データや収録時間、話者のデータ利用に関する同意を得ることも必要となります。

　画像・動画データでは、カメラやスマートフォンで必要となる画像データの収集は、収録デバイスがあればできます。音声と同じく、収集者のデータ利用の同意を得ることは必要です。顔や人物が写った画像では、収集地域や国に応じた個人を特定できる情報（**PII** - Personal Identifiable Information）も収集します。これらの情報もデータを収集段階で考慮することは、非常に重要です。

　アノテーションプラットフォームを利用したプロジェクトでは、こうした「音声データの収録」「画像、動画データの収集」「文字起こしデータの収集」に対しての機能を有するかどうかも大切な要素です。

　アッペンでは、PCのローカルやSaaS環境で利用できるプラットフォームが、こうした収集用のiPhone／iPad、Androidで利用できる専用アプリと連動して利用できます。「スマートフォンによる音声収録」「画像や動画の記録」ができ、「データのアップロード前のデータ確認」と「自身でのラベリング、タグ情報の指定を質問と答えの形式で入力していける環境」があり、「データ利用の同意に係る条項の文章確認」「同意に関する署名」をひとつのアプリケーションの中で完結して実施可能です。

図6-2　モバイルアプリケーションのAppen Task

　また、プロジェクトとしてどのワーカーに画像であれば収録枚数を何枚割り当てるか？　音声収録もいくつの音声ファイル、どのくらいの収録時間が必要かを割り当てられます。その条件に沿って「収録」「収集」し、データをアップロードします。

　集められるデータは、プロジェクトとして一元管理されているため、収集の状況はプラットフォーム環境下からリアルタイムに進捗状況を確認できることも重要です。

　モバイルアプリケーションは単なる収集だけでなく、一部のラベリングや文字起こしの業務もアプリケーション上で行えます。

　データ収録・収集を商用として支払いを伴う業務として行う場合は、ジョブの管理、ジョブの終了、データの検収作業と対価の支払いまでを連動させることも可能です。

　データの収集やアノテーション業務として、もうひとつ重要な要因は、支払いに関する情報の管理とセキュリティにもあります。

　このような業務で、企業によっては、振込の銀行口座情報が必要であったり、

クレジットカードなどの情報が必要なケースもあるでしょう。個人情報と金銭の関わる情報をきちんと管理できるのかも、注意するべき点です。アッペンではこれらのジョブや担当者の管理と連動して、Payoneerという企業のオンライン送金テクノロジーを使っているため、銀行口座やクレジットカード情報を必要とせず、対価の支払いを行っています。

データの収集、収録に関わる作業環境も、円滑に必要な量と質のトレーニングデータを準備するには、必要な環境です。

6.3　プロジェクト定義

個人や数名でトレーニングデータを準備し、そのデータ数も「300」「500」「1,000」以下くらいであるならば、**プロジェクト**という体裁をとらなくてもきちんとアノテーションし、データを準備することは可能でしょう。

データ数が万単位や、数十万、数百万となると違ってきます。アノテーション業務に携わる人の人数が増えたり、複数のプロジェクトをさまざまな国や地域で行うとなってくると、プロジェクトをきちんと定義し遂行していくことが大切になります。

多くのプロジェクトがあると「プロジェクトのIDは？」「プロジェクトオーナーは誰か」「かかるコストはどこにチャージするものなのか」外部の顧客向けの場合は「どの顧客向けプロジェクト」なのかといった基本要件があります。

このような基本要件の元で「アノテーションをするデータはどれなのか」「いくつのバッチで分割するのか」「データの種類は何なのか」などを定義しなければなりません。そのデータに対するアノテーターは何名で行い、その後の品質チェックを何名で行うのかといったことも決めます。外部の協力会社を使う場合などはリソースの管理 - 何名のリソースが必要で、誰にどのバッチを割り当てているのかなども、プロジェクトの重要な要素と言えます。そしてどの業務をどの順番で行い、品質チェックがあった場合の手戻りをどのように返すのか、また、アノテーターの習熟度合いやアノテーションスピードも個人差があるため、このような対応も重要な**ワークフロー定義**の大切の要素です。

よく我々のお客様でもリソース管理や進捗管理、品質チェックなどをどのように行っているかを聞くと、結構な確率で、プロジェクトマネジメントのようなことはしていませんと聞くこともあります。リソース、進捗管理はすべてエクセル

で行っているのでオフショアとかを含めて毎週きちんと報告が集まらないと、進捗状況がわからない仕組みになっているんです。といった話もかなりな確率で聞きます。

　このように、「データ収集、アノテーションの業務をどのようにプロジェクト定義するのか」「誰がどのデータに責任を持っていて、リアルタイムに進捗確認できるか」「どこがボトルネックになっているのか、追加投入が必要なリソースはどこに必要で、何名必要なのか」などは、トレーニングデータの収集、準備には欠かせない要素です。

　アノテーションツールが、このような機能を持っているのかどうかは、プロジェクトを成功させるためにも見極める必要があるでしょう。

　またプロジェクトマネジャーはアクセス権限やアノテーションに必要なラベル、機能の設定、制限などの権限があります。「アノテーションの基準と異なるラベリング」「異なる形状でのアノテーションの実施」「不必要なデータの改変」「データの取り違い」「誤ったデータの消去」などを防げます。

　プロジェクトの定義と管理は、トレーニングデータの整備には大事なポイントです。

6.4　データ管理と割り当て

　個人でAIモデル開発する場合、そして自分の持っているデータや集めたデータ、Webクローリングなどで集めてきたデータにアノテーションをする場合、あまりデータに神経質になる必要はないかもしれません。実行する環境がローカルであれ、クラウド環境であれ、データの置き場やセキュリティについて、あまり深く考えないかもしれません。

　ところが商業利用であった場合や、企業によるビジネス活動、関係するデータが個人情報や考慮するべき著作権などの情報を含む場合、**データ管理**は最も神経を使う領域とも言えます。

　多くの企業でのAIの開発では社会的責任や倫理性、データセキュリティ、遵守すべき法律などが、必須の考え方となっています

　よってデータ管理として「データの保管場所」「作業環境」「データのアクセス権限」「データの不正利用・コピー」をどのようにして防ぐかは重要です。

　このように企業の責任を担うAIの開発においては、アノテーションツール・

プラットフォームが、どのようなセキュリティ要件に対応しているか、ソフトウェア的に脆弱性に対応しているのかも重要なポイントです。一般的に**ペンテスト**（**ペネトレーションテスト**）と呼ばれるネットワークやサーバー、PCなどの環境下で動くソフトウェアの脆弱性に対する検証テストがあります。

　使われるアノテーションツールがこのようなペンテストをパスしているのか、不正アクセスがあった場合、どのような対応が講じられているのかもツールの選択のポイントです。また、2段階認証のような対応が講じられているのか等、一般的なオンプレやSaaSアプリケーションでチェックされるポイントを、アノテーションツールに照らし合わせて見ることも必要でしょう。

　データの管理という点においては多くの場合、アノテーションは画像を参照する必要があるものの、データそのものをローカルにコピーしたりダウンロードは必要ない場合があります。アノテーションツールは単にデータを表示すればいいだけなので、不必要にローカルにデータをコピーしたり、アノテーターが、自分でローカルにデータを保存したりできない仕組みが大切です。

　そしてこれは無料で使えるオープンソースのツールも有料版のツールでもそうなのですが、ファイル選択に関する機能も大事です。100ファイルを全選択したり、対象ファイルをクリックして、チェックボックスを有効・無効にすることでファイルを選択・表示したり、アップロードしたりするツールを見かけます。

　しかしながら、1万ファイルで実行したり、10万ファイルを扱ったり、10万ファイルを1万枚ずつ10名のアノテーターに割り当てる場合どうなるでしょう？全選択とファイル個別選択しかない場合、何回クリックすれば、必要な割り当てが行えるでしょうか？

　ある意味プロユースに利用するアノテーションツールでは、ファイルの検索機能や、ファイル選択の方法は重要です。たとえばAWSのS3環境下に置かれたファイルに対しては、設定ファイルにS3のファイルのアクセス可能なURLを使い、スクリプトなどを準備し、ファイルを一括して読み込みます。大量のファイルでアノテーションを実施する際には、各アノテーターに割り当てたりする機能の有無は、業務効率上雲泥の差があります。

　このようにきちんとしたデータ管理と正しくデータの割り当てを効率よく行う環境の大切さを、ぜひ押さえておいてください。

6.5　音声系へのアノテーション

　音声系データに対するアノテーションは、あらかじめ準備されたものや、収録をしたWAVEデータから始まります。音声認識では、これらの音声を聞き取り、文字起こし基準に合わせて文字情報への文字起こしを実施します。その際、WAVEデータ上のどの音声波形がどの文字起こしテキストに該当するのかを示すために、ファイルを該当時間の区間に分割していく場合があるのです。この音声ファイルに対する区間分割のことを**セグメンテーション**と呼びます。

　音声に関するアノテーションプラットフォームでは、話者特定するような場合、あらかじめ、話者のIDや役割などのタグ情報を準備することが必要です。会議体の音声では司会進行役、企業のセールス、顧客のように役割ごとのタグ情報を付け、誰の発話なのかの分類と発話内容の文字起こしを実施します。

図6-3　Annotation Platform Audio

　「えー、あー」といったフィラー、咳払い、笑い声など音声として認識するような必要がある場合は、それらのタグ情報も必要です。また、話者の性別情報なども話者の音声からの特定とともにタグ付けする場合もあります。

　音声の文字起こしの場合は、音声を聞いて文字起こし基準に則って文字起こしをしますが、場合によっては、アノテーションツールにASR（自動音声認識）エンジンを搭載している場合もあります。この場合は、区間で区切った音節を再生し、自動で文字起こしが可能です。アノテーターは、ASRの文字起こし内容が正しいのか、文字起こし基準に合致しているのかをチェックしていきます。

　また、音声ファイルの冒頭や中間、最後に指定の無録音部分の収録が指定され

ているようなケースもあるため、無録音部分の指定時間を満たしているかなども
チェックします。

　End-to-Endの機械翻訳トレーニングデータの場合、音声の文字起こしの代わり
に、文字起こす内容が、翻訳のときもあります。音声の文字起こしと同様、
Google翻訳などの翻訳エンジンがビルトインされているアノテーションツールな
どもあるため、このような環境をうまく使いながら、効率化を図るケースもある
のです。一方で翻訳エンジンの利用が禁じられているケースもあり、その場合
は、聞き取った音声内容を文字起こしし、適切に翻訳します。

　音声からテキストへのアノテーションツール環境では、音声を繰り返し聞いた
り、再生スピードを落として、注意深く内容を確認するケースもあります。一定
音声区間のリポート再生や再生スピードのコントロール、音声波形の表示スケー
ルの切り替えなどは、音声からテキストへのアノテーション業務では、非常に重
要な機能です。

　複数話者の音声や会議体の音声が別々のマイクで収録され、マルチチャンネル
の音声として準備されるケースもあります。マルチチャンネル音声に対しても、
チャンネルごとに文字起こし内容に話者ラベルを自動で付与したり、音声をチャ
ンネルごとにミュートしたり、解除したりする機能があると効率化が図れます。
他者の会話中の相槌などは、文字起こしをしないような基準の場合もあるため、
複数話者のマルチチャンネルでの音声を扱う機能は、非常に効率化のためには魅
力的です。

　音声データに対する周波数領域での特徴点を分析するような場合には、周波数
変換をして、スペクトル分析ができる環境を提供している必要があります。

　この環境下では、タイムライン中の指定した時間での周波数帯での特徴量がビ

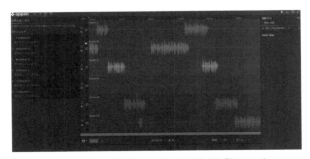

図6-4　Annotation Platform Audio Multi Channels

ジュアル化され、対応する音素情報や、当該部分のテキスト情報などをタグ付けしていきます。

　音声関係のアノテーションプラットフォームでは、このような音声ファイルの読み込みや波形表示、各種コントロールを持ち、音声認識エンジンや機械翻訳エンジンとの連携、周波数帯での解析機能などが備わっていると便利と言えます。

6.6　テキスト系へのアノテーション

　テキスト系のデータに対するアノテーションは、いくつかのタイプがあります。「自然言語処理」「機械翻訳」「固有表現抽出」「コーパスの生成」「チャットボット」「感情分析」「テキストマイニング」などです。

　おおむね、行うアノテーションは、二つのタイプに分かれます。ひとつは、テキスト内の単語に対して意味付けするタグを付けるアノテーション、もうひとつは、与えられた文章の内容に対して、タグ付けをする言語的アノテーションです。

　いずれの場合にしても、セットアップとしては、タグ付けをするラベリングの登録を事前セットアップで行います。形態素解析や構文解析、句構造解析などをする場合には、単語に対して付与するべきタグを設定します。品詞分類する場合であれば名詞、動詞、形容詞、助詞など必要に応じたタグをライブラリとして登録します。固有表現抽出の場合、登録すべきタグはIREXに準拠したものの場合「組織名」「人名」「地名」「日付表現」「時間表現」「金額表現」「割合表現」などです。これらの必要なタグ情報をあらかじめ、登録します。

　それ以外にも判断が難しいものや別に登録が必要なタグ項目を洗い出し、これらをタグの種類として登録しておきましょう。

　単語や語句または文節、文章に対するタグや説明に関する物だけでないこともあります。それぞれの単語の意味的関係性や、構文内の語句の依存関係を示す場合は、それらの接続関係の情報をラベルとして登録。組織名とその組織が製造する製品名を関連付けするような場合は、「製造」のような関係性についてのラベルを登録します。

　こうして事前登録された情報を元に、アノテーターは該当するラベルを選び、単語を選択しタグ付けしていくのです。

　組織名のラベルがブルーで設定されている場合は、組織名のラベルを選び、該当する会社名を選択すると会社名の固有名詞部分がブルーで表示され、タグ名で

ある「組織名」が表示されます。

　同じく製品名などをタグ付けした場合、それらのタグ付け後には「製造」という関連性を表すラベリングが付与されるのです。たとえば「Tesla」という組織名の単語と「Model3」という製品名の単語が「製造」というラベルで関係付けがなされ、それらの二つの単語が接続関係の矢印で、接続されます。

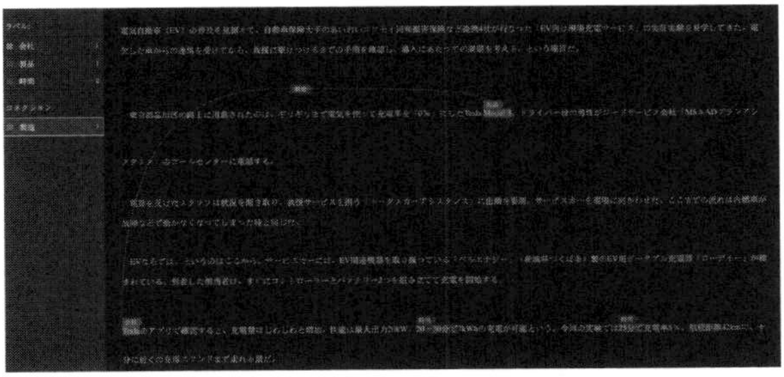

図6-5　NERのイメージ

　チャットボットやサポートセンター対話機能のようなユースケースの場合や、SNSなどの顧客の感情を分析する感情分析も同様です。事前に登録するべきタグは「ポジティブ」、「ネガティブ」、「ニュートラル」のようなタグです。「美味しい」、「楽しい」、「いまいち」、「まずい」のような、感情を表すようなキーワードにタグ付けしていきます。

　これらを最終的には、JSON、XML、CSVのようなフォーマットでタグ付けされた単語とラベル情報を出力し、トレーニングデータとして準備します。

6.7　画像・動画系データ

　画像や音声のアノテーションでは、前の章で触れてきたように、バウンディングボックスの付与、ピクセル領域をセグメントするようなさまざまな多角形形状でのアノテーション手法がよく使われます。そのほかにもキーポイントやそれぞれの部位に対する属性情報などが広範囲に必要となります。

　画像領域にはOCRなども含まれるため、ドキュメントや各種帳票、運転免許証やパスポートなどからのOCRの場合、画像情報を元に該当する部分のテキスト内容をアノテーションすることです。いわゆる文字起こしのようなアノテーシ

ョンになりますので、画像を見て、記載されている内容を、文字起こしをします。

　音声認識や機械翻訳のエンジンと同様、アノテーションツールにOCRのエンジンが組み込まれている場合、画像の領域を指定すると領域内のテキストを自動抽出してくれるので、作業の効率化が見込めるでしょう。また、エンジンが事前学習していてパワフルな場合、装飾文字やデザイン性のある文字、縁取りのあるようなPOPのような文字やチラシのデータなどの自動認識の認識率も高まります。

図6-6　文字がたくさんある写真画像

図6-7　取り出された文字の例

　自動運転やADASの領域に使われるアノテーションでも同様です。道路に記されている走行区分や右左折レーンのような道路表示の情報や、道路表示、道路標識のような情報も内部に書かれているテキストを認識する必要があります。この

ような場合も矩形や円、ポリゴンなどで領域を指定し、領域内のテキスト情報を
文字起こしするのです。

　このようなシンプルなバウンディングボックスの場合であっても、障害物によ
る遮蔽の有無や、顔認識の場合でもマスクしていたり、帽子で見えない部分や手
などで覆われている画像などもあります。このような場合、付与するタグ情報
も、複合的な条件によるタグをバウンディングボックスと共に付ける場合があり
ます。遮蔽物有無のyes／noな2値分類とyesだった場合、何%が表示されている
かなどの割合情報、また複合的な条件のブーリアンによるAND／ORなどのラベ
リングが必要な場合も存在するのです。

　人物や動物などの物体検知の場合、バウンディングボックスが多く利用されま
す。シンプルに人物の外形領域や、顔認識の顔の領域を指定します。乗り物や動
物を認識する場合にその位置を指定するときは、シンプルな長方形の矩形による
バウンディングボックスを利用する場合が多くあります。この方法はシンプルで、
PCなどでの作業の場合マウスで領域をドラッグし、確定させれば長方形のバウ
ンディングボックスが表示されます。必要に応じて、領域内に存在するpeopleや
carのようなラベル情報を付加していきます。ラベルも場合によっては、大項目
カテゴリの中の区分による小カテゴリなど、入れ子関係になっている場合もある
でしょう。シンプルなアノテーションツールの場合、機能として階層的なラベル
情報をそもそも付けられないツールも多くあります。体系化したラベル情報を付
加したり、インスタンスごとにラベルを付与する必要がある場合には、こうした

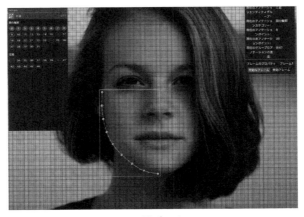

図6-8　フェイシャルランドマーク

機能にアノテーションツールが対応しているのかも確認しましょう。

　キーポイントでは、COCO準拠の場合17ポイント、Google BlazePoseなどでは33ポイントが指定されています。これらのポイントを事前にタグ情報として登録し、それらのラベルの順番とスケルトン表示の場合のどの点とどの点が接続されるかの情報が、事前登録の情報となります。

　人物などのセグメンテーションでは、同様に部位ごとのラベル名、カラー、入力順を指定することが事前準備です。また、人物が重なった場合などもあるため、重なった場合の指定方法なども定義します。

　自動車の自動運転やADASの場合、さまざまなアノテーションツールの機能が要求されます。走行区分を示す白線をポリラインで示す場合、基本的にはマウスのクリックで白線部分にポリラインを書いていきます。白線が消え掛かっていたり、まったくない部分もあるため、白線のあるべき部分をAIによる補完機能を使います。

図6-9　車線のアノテーション

　車両ごとの固有IDの認識なども必要になる場合があり、一定時間内に画面の中で移動する車両をIDで認識させます。タイムラインの中で各フレーム間で移動するようなケースは、トラッキングの機能などを使い、1フレーム目と20フレーム目にマニュアルでバウンディングボックスを入力します。あいだのフレームは、トラッキングで自動的にバウンディングボックスを発生させます。その場合、アノテーターは、補完されたバウンディングボックスの位置やサイズを微調整していくことが求められます。

図6-10　AI予測によるフレーム間補完

　セグメンテーションマスクが利用されるケースも多くあります。自車走行レーンと左右のレーンを別々なセグメントとして車線を認識し、前方の車両への追随や、衝突危険性の判定、追い越しや追い抜かれる際の隣接レーンの車両との距離などを判定するために利用します。

　車線の合流部分に設置されているポールなどは、ポールとして認識するための方向を持ったベクトルラインで認識させます。各フレームに存在するポールが何本目のポールなのかを認識するためにIDを付与したりもします。

　また自動車関連の場合、ボディを長方形の矩形でなく、精度よくポリゴンで領域を設定したり、信号機の認識は円でバウンディングボックスを書くこともあるのです。車両は長方形、タイヤの接地点は点でのアノテーションなど、さまざまな形状のアノテーション図形が利用されます。このほかにメッシュ形状のアノテーション図形が利用されることもあります。

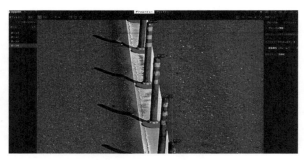

図6-11　ポールアノテーション

図6-12　車両とタイヤ設置面のアノテーション

●3D点群データ

　自動車関連のアノテーションでは、センサーフュージョンとして、複数の情報からアノテーションし、それらを関連付けることも行われます。

　2Dのカメラ画像に対するアノテーションとともに、LiDARやレーダーから採取された3D点群データに対するアノテーションツールがあります。

　3D点群データは、(x, y, z)の座標情報を持つ点とRGBの色情報を併せ持った点の集まりです。

　点群データを読み込んだだけでは、ツール上単に白い点の塊が表示されます。この情報から「自動車」「二輪車」「自転車」「歩行者」の障害物の物体や「車道」と「歩道」の境界などを認識するのは意外に困難です。

　アノテーションツールでは、これらを作業するために「ズームイン」「ズームアウト」「回転」「3面図のような縦横上下左右」からのビューの変更で表示をコ

ントロールできます。同じタイムライン上の時間での2D画像との照合しながら
アノテーションを実施していくのです。

　アノテーションツールは、ビューの頻繁な変更、2Dと3Dデータの参照、タイ
ムラインの移動など、柔軟な操作性を備えている必要があります。2Dの画像と
異なり、3D点群データでは立方体のバウンディングボックスを付与します。立
体なので、サイズ合わせをする場合も、すべてのアングルからサイズが合ってい
るかを、視覚的にチェックすることも求められます。ビューの変更による頻繁
なサイズの微調整と確認も必須です。立体のバウンディングボックスを指定する
際は、あらかじめ、該当するラベルを選択しています。乗用車・バス・トラック
のようなラベルを選択し、立方体が確定するとあらかじめ指定されているカラー
に点が塗られるため、視認性が向上していきます。

　認識された立体のバウンディングボックスに付けられる車両のタグ情報は、
2D画像とマッチングする場合もあるため、2D／3Dの連動がアノテーションツー
ルには必要です。

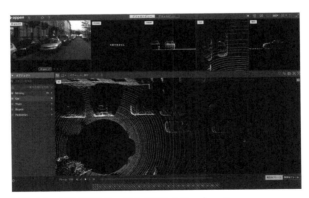

図6-13　3D点群データへのアノテーション

　3D点群データについても、2D画像と同様にセグメンテーションが利用される
ケースがあります。車両走行区分や、走行区分の分岐など、走行レーンや走行平
面を点群内でセグメントをし、車線分離帯と歩道の境界線に挟まれた領域を塗り
つぶすなどをします。

図6-14　3D点群データ境界線アノテーション

　また、AIアシスト機能で、車両の立方体バウンディングボックスを自動発生するような機能も用意されています。

　このように3D点群データのアノテーションは、非常に労力と根気と時間がかかる作業であるため、アノテーションツールの操作性と2D画像アノテーション環境との連動は、効率化の観点からも必須の機能と言えるでしょう。

6.8　品質チェック工程

　これまで解説したように「音声」「テキスト」「画像」「動画」などに対してアノテーションを実施するツール環境は、持っている機能や操作性、各種アシスト機能はチェックしておく項目です。

　アノテーションは多くの場合人間が行う作業であるため、「ラベルの付け間違い」「バウンディングボックスの付与忘れ」「サイズの修正ミス」「文字起こしのミス」など、人的ミスによる**品質**の低下は起こり得ます。

　また、アノテーション業務というのはアノテーターの習熟度合いにより、作業スピード、アウトプットの品質にバラ付きがあるものです。この人のアノテーションは品質的にいつも問題がなく正確だということもあれば、やり始めの初心者や練習途中のアノテーターのアウトプットには注意を払わなくてはなりません。

　このようなことを防ぐために、必ず別々のアノテーターに同じデータをアノテーションしてもらい、結果を照らし合わせて精度を上げることもあります。しかし当然工数やコストは倍かかってしまうのです。

　よくコスト面重視で、アノテーターを海外のオフショアを利用するケースがあ

ります。アッペンでも海外のリソースを使うことや、クラウドワーカーによるアノテーションは極めて日常的です。

　アジア圏でアノテーションをする場合、低コストとか、単価が魅力的ですというお話を聞くことがあります。また、Amazonが提供するMechanical Turkなどでアノテーションの依頼を海外のリソースに依頼するケースもあるでしょう。Mechanical Turkの場合、ちょっとしたプログラム開発を依頼したり、スクリプトを作ってもらったりの依頼はいいのかもしれません。しかしながら、精度と正確さが要求される機械学習やディープラーニングのトレーニングデータの場合、必要とされる精度が満たされているかどうかは、最重要な項目です。これが不安定では、AIの判定結果自体が怪しいものとなってしまいます。

　よって、トレーニングデータに関するアノテーションの場合は、品質チェックという工程をワークフローの中に設けることが非常に重要です。また、用語などのチェックは、ドメインに応じて「技術専門家」「法律の専門家」「医療従事者」などによるダブルチェックも重要です。

　アノテーターが実施したアノテーションを別な品質チェックのチェッカーが確認します。別な視点から、精度や基準への合致度をチェックし、チェックの結果、受け入れ不可となったデータを必要に応じて修正します。データを元のアノテーターへ返したり、プロジェクトマネージャに転送して、プロジェクトマネージャがチェックをしたり、別のアノテーターに修正させたりするワークフローを組むことが大切です。

　また、これは全員が単一のワークフローで行うだけではなく、このデータのバッチ作業には、このワークフローを適用します。そして、信頼のおける熟練のアノテーターとそれ以外のアノテーターで別々のワークフローを設定したり、ある部分のデータやアノテーション結果は、ダブルでチェックするなどの柔軟なワークフローを設定できるのか、また管理できるのか、は業務のスピードと柔軟性、確実性において柔軟なポイントとなるでしょう。

　そしてこれらのワークフローには、外部のBPO（ビジネス・プロセス・アウトソーシング）としてのパートナーが関与したワークフローを組めるかという点も重要です。自社内のリソースに関するワークフローやアクセス制御と、外部パートナー企業のリソースやデータ管理、アクセス制御はまったく異なる場合があります。このような柔軟な環境をサポートし、ワークフローを制御し、進捗管理をリアルタイムに把握ができる環境を準備しましょう。

6.9　データ取りまとめ

このようにしてトレーニングデータを収集し、必要なアノテーションをし、品質チェックを行ったデータは、最後にトレーニングデータとして利用できるような状態に仕上げる必要があります。多くの場合「文字起こしデータ」「各種テキストデータ」「単語に対するタグデータ」「バウンディングボックス」「キーポイント」「セグメンテーションマスク」の情報は、ドキュメントファイルにまとめます。

結果は、元の音声データや画像データのID、ファイル名との一致も確認します。画像データの場合、EXIF情報から「撮影日」「撮影条件」「カメラセッティング」などの必要なデータを盛り込みます。また、別に用意されている、画像・動画の対象物に対する属性情報などのメタデータも統合する必要があります。

また、個人情報に関わる音声収録時や画像利用に関する同意事項や、個人の属性情報なども場合によっては、トレーニングデータに紐付けが必要です。

ドキュメントファイルには特に決まりがありません。多くの場合「CSVファイル」「JSONファイル」「XMLファイル」のような形式であったり、AIモデルに合わせて「COCOフォーマット」や「Pascal VOCフォーマット」で出力したいということも多いものです。

しかしながら「COCO」「Pascal VOC」「YOLO」などのフォーマットは、あくまでもそのモデルやデータセットを表現するために規定された、またはデータセットが持っている記述でしかありません。

多くの場合、フォーマットに準拠するものの、それ以外のメタデータは、独自のラベルや書き方を規定し「JSON」「XML」「CSV」などで表現し、その後の学習工程で利用していることがあります。

アノテーションが全部終わってから、フォーマットを決めればいいというものではありません。あらかじめ自分たちはどんなタグ情報をどのように表現し、まとめるのかを計画しておき、アノテーションツールから正しくその情報が抽出できるのか、その情報は間違いなく出力できているのか？　を説明できるように準備しておくべきです。その後の入力データとのつながりは問題ないのか？　などを事前に確認しておくほうがいいでしょう。

そして音声や画像ファイルと出力データの数に相違はないか、性別などの属性情報に間違いはないか、スクリプトなどでパラメータを自動でチェックするチェ

ックシステムなども考えておくことをお勧めします。

　このようにしてデータをチェックし、正しく取りまとめることで、AIモデルの学習と分析、検証の工程に進めます。

　ここまで紹介してきたトレーニングデータの準備に対する考え方や、アノテーションのプラットフォームは、アッペンの思想や自社開発したものです。ご相談やご興味がございましたら、お問い合わせください。

第**7**章
データセキュリティ

7.1　関連する法律

　AIを手がける企業において、**法令遵守**や**倫理性**を意識しながら開発を進めていくことは、もはや企業の姿勢や企業運営そのものと言ってもいいほどのものになっています。これは企業や組織が大きければ大きいほど求められますし、遵守しなければならないものです。

　多くのAIを手がける企業ではホームページ上などで、AIに関する倫理規定や**Responsible AI**（**責任あるAI**）にどのように取り組み、実現しているかを行動規範として示しているのをよく見かけます。

　このようにAIを開発し実現していく上で、遵守すべき法令、検討すべき内容や項目を本章では触れていきます。

> 注）本書で説明される法律に係る解釈や情報は著者の解釈であり、あるひとつの見方にしか過ぎません。あくまでも皆様が関与するAIプロジェクトを法律に照らし合わせて、どのよう判断するべきかは、それぞれの法務部門や法律事務所などにお問い合わせください。あくまで参考として情報として読み進めてください。

7.1.1　著作権に関する法令

　AIに関する法令のひとつは著作権です。とくにトレーニングデータでは、顔認識に使う人物や顔の写った写真や、その個人に関する属性情報など、著作権が関係するデータを扱うことが多くあります。

　日本では、2018年5月18日に著作権法の一部を改正する法律が成立し、2019年1月1日から施行されています。

第30条の4を次のように改める。

（著作物に表現された思想又は感情の享受を目的としない利用）

第30条の4　著作物は、次に掲げる場合その他の当該著作物に表現された思想又は感情を自ら享受し又は他人に享受させることを目的としない場合には、その必要と認められる限度において、いずれの方法によるかを問わず、利用することができる。ただし、当該著作物の種類及び用途並びに当該利用の態様に照らし著作権者の利益を不当に害することとなる場合は、この限りでない。

一　著作物の録音、録画その他の利用に係る技術の開発又は実用化のための試験の用に供する場合

二　情報解析（多数の著作物その他の大量の情報から、当該情報を構成する言語、音、影像その他の要素に係る情報を抽出し、比較、分類その他の解析を行うことをいう。第四十七条の五第一項第二号において 同じ。）の用に供する場合

三　前二号に掲げる場合のほか、著作物の表現についての人の知覚による認識を伴うことなく当該著作物を電子計算機による情報処理の過程における利用その他の利用（プログラムの著作物にあっては、当該著作物の電子計算機における実行を除く。）に供する場合

　この法改正により、それまでの著作権法では、電子計算機による情報解析を目的とする場合は、記録媒体への記録または翻案を行うことができると定められていました。この記録または翻案の限定が無くなったため、機械学習やディープラーニングなどの開発目的であれば、データの利用に制限をかける必要がなくなってきました。

　しかしオープンソースのデータなどには、利用条件が別途に定められている場合も多いので、そのチェックは、怠らないようにしましょう。

7.1.2 不正競争防止法

　2019年7月1日に**改正不正競争防止法**が施行されました。それ以前は特許法や著作権法の保護対象にならないものや、不正競争防止法の定めによる「営業秘密」に該当しないものであった場合、不正な流出の保護は難しいものがあり、各種データの保護を考えなければなりませんでした。「トレーニングデータに用いられるデータそのもの」「トレーニングデータとしてタグ付けなどをするデータ群」「モデル学習用のプログラム」「学習済みのパラメータ」「学習済みのモデル」などが対象です。

　改正不正競争防止法の施行により「秘密管理性」「有用性」「非公知性」の条件を満たせば営業秘密として保護され、侵害された場合には、差止請求や損害賠償請求、信用回復措置請求などを行える可能性が広がりました。この満たすべき3つは、

・秘密管理性 - 当該情報が秘密であることを明示し、秘密管理措置が講じられ、そのほかのデータ類と別の管理措置が施されていること。
・有用性 - 秘密管理性と非公知性を満たせば有用性も満たされると考えられ、商業的価値のある情報を指します。
・非公知性 - 営業秘密が一般的に知られていない状態であることです。企業などが秘密情報として扱っていれば、非公知性とみなされます。

です。
　このような措置を講ずることにより、トレーニングデータを保護することが可能となってきています。
　個人情報保護ももうひとつの重要な項目です。
　この点については、次節でふれます。

7.2　データセキュリティについて

　これまで説明してきた遵守すべき法令や倫理性を抑えていく上で、**データセキュリティ**は大切な要因のひとつです。

　画像のような個人が被写体として含まれているような情報であったり、タグ情報に含まれる個人に関わる情報などは、国ごとに遵守すべき法律が異なります。

　国別等では、

・日本の**個人情報保護法**
・EUの**GDPR**（General Data Protection Regulation：一般データ保護規則）
・アメリカのカリフォルニア州の**CCPA**（California Consumer Privacy Act：カリフォルニア州消費者プライバシー法）

などがあります。とくにさまざまな地域、国籍、人種などの画像データをトレーニングデータとして使おうとする場合、該当する地域や国の法律を遵守する必要があるのです。この中でもとくにEUのGDPRは最も厳しいと言われています。

　GDPRでは、5-11項で**個人データ処理の6原則**「適法性」「公平性及び透明性」「目的の限定」「データの最小化」「正確性」「記録保存の制限」「安全性及び機密性」などが定められています。この中でデータの管理者は、これらの6原則について責任を負い、かつこれらの項目の遵守を証明しなければならないと定めています。

　このような観点からも、個人情報をいかに保護するか、その措置のため、データセキュリティの重要性は増加しているのです。

　また、医療系のデータを扱うには、アメリカの法律で**HIPAA**（Health Insurance Portability and Accountability Act）と呼ばれる法律があり、個人を特定できる保険情報をPHI（Protected Health Information）と定めています。

　トレーニングデータをサービスとして提供する企業では、**SOC** type 2などの統制基準に対する監査報告書などがあります。SOCには1～3まであり、監査対象の項目や、外部公開を前提とした詳細な報告では、SOC2 type2などが最適です。

　監査報告では、「セキュリティ」「可用性」「処理のインテグリティ」「機密保持」「プライバシー」などの指標があり、これらについての監査報告を意味しています。

　みなさんがサードパーティーなどにトレーニングデータの入手やアノテーションなどを依頼される場合には、これらの監査を受けているか組織などをチェックしましょう。

　トレーニングデータを扱ったり、アノテーションするプラットフォームとしてのセキュリティも重要です。オンプレミス環境で、社内クローズの環境下でデータを保管したり、アノテーションする場合は、あまり神経質になる必要はありません。AWS、Azureをはじめとしたクラウド環境下でSaaS対応プラットフォームを利用する場合は、クラウドプラットフォーム、アノテーションプラットフォームが、これらのセキュリティ項目を満たしているのか、また、ソフトウェアとしての外部攻撃や不正侵入があった場合の対策など、ペンテスト（ペネトレーションテスト）で脆弱性に関するテストを実施しているのかなどを、確認してみましょう。

使っていけないデータは使わないのが鉄則

7.3　AI倫理

　AI倫理は、近年世界中の国々や開発に取り組む企業がそれぞれガイドラインや指針を定めています。

　この背景には、AIの開発が進むにつれ、懸念となる問題点が現実に起こりつつあるという点から、考えられるようになってきています。

　　自動運転では、特にレベル3やそれ以降のレベルで事故が起こった場合、誰が
どのように責任を持つのかという点について、現段階ではすべての問題点がクリ
アになっているわけではありません。

　　人種や性別などに関して、AIのトレーニングデータに偏りがあることによる
判定結果にブレが生じたり、監視カメラなどによる情報収集や、判定結果に偏り
が生じる可能性もあるでしょう。

　　とくにディープラーニングのモデルはブラックボックスであるため、判定結果
に対し論理的かつ合理的な説明がつかないまま、判定の誤りや不都合の生じるケ
ースがあります。

　　そして個人データの使用に関して、知らない間にプライバシーに関わるデータ
がAIモデルの学習に利用され、信用情報として利用されたりプライバシーの侵
害や監視につながりかねないといったことが懸念点です。

　　こうした状況下において、EUでは、**Ethics guidelines for trustworthy AI**
が2019年に発表されました。このガイドラインで、信頼に足るAIは、

・lawful - すべての有効な法律や規則に合法的であること
・ethical - 倫理原則と価値観を尊重すること
・robust - 技術面と社会的環境の責任において堅牢であること

としています。
　　この考えに基づき、

1. 人間主体であること
2. 堅固で安全であること
3. プライバシーとデータが守られること
4. 透明性
5. 多様性、被差別、公平
6. 社会的、環境福祉への配慮
7. 説明責任

といった7項目のガイドラインを定められています。
　　同様にアメリカではPartnership on AIというイニシアチブが学術系や文明社

会、産業界やメディアなどの組織が判定の難しい問題点に取り組むよう、非営利団体として活動を行っています。

　日本でも2022年4月に、AI開発ガイドライン及びAI利活用ガイドラインに関するレビューとして再定義を総務省が行いました。2021年には、AI原則実践のためのガバナンス・ガイドラインとして経済産業省が指針をまとめています。

　これと同様にGoogleやMicrosoftなどの大手グローバル企業や、アクセンチュアのようなコンサルティングファームなど、多くの企業でAIに関する倫理規定や指針を取りまとめています。

　このように企業や組織などにおいても、こうしたAIの進化に付随して起こる問題点や懸念に対し、取り組みを行い説明責任を果たすことは、AIに関わる企業・組織にとって基本的な姿勢です。

　表に考えるべき項目をまとめます。

表7-1　AI倫理で考える項目

項目	内容
信頼性や安全性	有害な情報を排除し、どのような状態でも安全に対処できること
公平性	人種や性別、文化、国や地域の不当な差別を引き起こさないこと あらゆるバイアスの排除
プライバシーとセキュリティ	個人情報の保護やビジネス上の秘密情報の保護
インクルーシブ	すべてのAIによる利益が、関係するすべての人々にもたらされるようにすること
透明性	AIそのものが、どのようなプロセスをとり、どんな目的に利用されるかを人々に知らしめること
アカウンタビリティ	AIに関する説明をし、情報開示を行う責任

第8章

トレーニングデータの重要性

　ここまでさまざまな角度からAI、トレーニングデータ、モデルの種類、ユースケース、アノテーションの種類やアノテーション用のプラットフォームなどをみてきました。

　何度か紹介してきましたが、機械学習やディープラーニングの素晴らしいモデルやアルゴリズムを適切に使っても、トレーニングデータのボリュームや質が良くなければ、情報を適切に判定する**AIモデルの開発**はできません。

　トレーニングデータの重要性を考えたときに、大量のデータを用意してアノテーションを間違いなく行いさえすれば、正しい判定モデルを開発できるのかと言えば、必ずしもそうだとは言いきれません。

　本書ではトレーニングデータそのものだけでなく、使われる背景や歴史、モデルの変遷、ユースケースなどを解説してきました。また、マネジメント層の方やエンジニアの方々が、何を考え、何を実行するべきかというあたりまで踏み込んでみました（釈迦に説法の方々も多くいらっしゃると思います）。

　トレーニングデータそのものも重要ですが同時に、モデルの特徴やユースケースの使われ方、もたらす価値を理解することも重要です。そうすることで、正しいトレーニングデータを準備でき、高い価値をもたらすモデルやAIを開発できるのではないかと思います。

　ここであらためてトレーニングデータそのものと、重要なポイントをおさらいしてみたいと思います。

　トレーニングデータは、量と質で左右するといっても過言ではありません。正しい判定の結果を求めれば、それなりなボリュームのデータを準備しなければなりません。機械学習のアルゴリズムよりも、ディープラーニングになれば、余計にデータボリュームが必要です。近年ではモデルの開発が進み、学習済みのモデルが多く紹介されるようになりました。すでに多くのモデルで、学習済みのモデルが利用できるようになってきています。転移学習やファインチューニングのよ

うなアプローチで、自分が利用するドメインの固有データで学習することで、少ないボリュームのデータで学習するアプローチも多く紹介されています。

しかしながら、新規でモデルを開発する場合や追加で学習する場合であっても、可能な限り多くのデータボリュームを用意することは、精度を高めたモデル開発で不可欠です。まずは必要な量のデータ確保を念頭におきましょう。

AIモデルの開発とトレーニングデータの取得には一般に以下のコストがかかります。

・工数（人件費）
・ライセンス料
・機器の稼働時間
　など

AIモデル開発で重要なのは、モデルの判定精度の目標を達成するために、どれだけ多くのトレーニングデータが必要かを判断することです。多くの論文で機械学習やディープラーニングでのトレーニングデータのサイズと精度の違い、適切なデータ量や最小限のデータサイズについての実験や考察があります。

経験則に基づいた最適なデータ量の求め方は、モデルの種類によって異なるのです。

機械学習の回帰分析では、予測変数ごとに10ケースが必要だと言われています（10分の1の法則と呼ばれている）。

また、コンピュータビジョンの領域でのディープラーニングを使った画像分類では、1クラスあたり1,000枚の画像が必要とされます。一方で事前に学習済みのモデルを転用した場合、大幅に必要となるデータ数は減少するのです。

トレーニングデータの量に関する統計的な理論には、Vapnik-Chevronenkis（VC）demention（以下、VC次元）、と呼ばれるものがあります。VC次元はモデルの複雑さを表す指標で、複雑であればあるほど、VC次元は高くなります。

トレーニングデータの量はVC次元の関数であることがわかっており、トレーニングデータの量は、モデルの複雑さに依存します。そして、ディープラーニングは複雑であることから、大量のデータを必要とすることが知られています。

一般的に機械学習のアルゴリズムでは、データ量に応じて、判定精度のパフォーマンスがべき乗に向上し、その後精度が向上しなくなるのです。一方ディープ

ラーニングは、データ量に応じてべきべき乗で向上し続けると言われます。

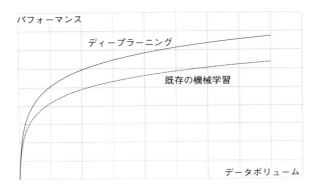

図8-1

　Googleとカーネギーメロン大学の研究チームが3億枚の画像データで分類したところ、学習データサイズが大きくなるにつれて、性能が対数的に向上することがわかりました。

　またFacebookチームの調査では、1億枚のflicker画像データを用いCNNで画像分類を調査したところ、データ量増加に応じて性能は向上するが、5,000万枚の画像で頭打ちになる結果となっています。

　分類では、誤差対トレーニングデータサイズのプロットを学習曲線と呼び、曲線に応じて、必要な精度目標とデータ量を判断できます。

　Pythonでは、scikit-learnに学習曲線が用意されています。

　データの量が確保できたら、次に考えるべきは**トレーニングデータの質**です。音声データであれば、きちんとした音質の録音がなされているのか？　音声を録音する対象者は正しく選択されているのか？　文字起こしは基準通り行われ、文字起こし担当者間でのばらつきはないのか？　音声ファイル、話者ID、文字起こしのテキストファイルや、話者の性別などの属性情報などに相違はないか？などをチェックします。

　画像や動画データの場合は、付加されるタグ情報が正しく付加されているか、アノテーター間でのばらつきはないか？　バウンディングボックスやセグメンテーションマスクの場合、付与されている位置やサイズ、ピクセルの境界に対する正しいポリゴンの位置精度が保たれているか？　をチェックします。

　音声の文字起こしや画像・動画に対するアノテーションでは、文字起こし担当者やアノテーターの作業後、可能な限り、別の熟練担当者による品質チェックは欠かせません。全数チェック、抜き取りチェック、複数の品質チェック担当者による再チェックなどです。コスト・労力のトレードオフを考慮し、可能な限り、ダブルチェックすることで、正確さを検証します。

　トレーニングデータに対する重要な項目は網羅性です。可能な限り不必要なノイズに該当するデータや不明確なデータは取り除くべきだと言えます。自分が目指す認識や分類、判定に必要なデータが揃っているかを確認します。ドメイン固有のデータや考慮すべきコーナーケースが含まれ、トレーニングデータに必要なデータが網羅されているのかは、判定結果の精度を向上させるためには重要です。このようなデータは、必要に応じて追加していき、モデル自体の精度を高めるために、再チューニングすることを当初の計画時から盛り込んでおきましょう。

　適切なモデルの選択も量、質を備えたトレーニングデータから精度良く判定し、限られた計算資源を利用して開発を進める上では重要です。データのタイプやユースケース、項目数に応じて、機械学習の各アルゴリズムを採用するのか、ディープラーニングを利用するのかなど目的に応じた正しいモデル・アルゴリズムを選択しましょう。チートシートなどを利用し、適した選択にするのもひとつの道筋です。

　コストと入手しやすさのトレードオフを検討することも重要です。AIモデル開発のための予算が潤沢であれば、あまり考慮する必要もないのかもしれません。どのようにデータを入手するのか、自分のチームで作成・収集するのか、外部パートナーに委託するのか、データセットとして整備済みのものを利用するのか？　すでに学習済みのモデルを利用するのかなどのトレードオフを考慮しましょう。

　多くのユースケースでは、すでに開発済みのAIモデルや機能を利用することで、タグ付けやアノテーション自体を、モデルの判定結果をもとに自動で付加する機能も多く見かけられるようになりました。高品質なトレーニングデータを用意し、精度の高い判定が可能なモデルを開発するためには、Human-in-the-Loopと呼ばれる人間が介在したモデルの開発、精度のチェックは重要です。これを疎かにすると、不必要にノイズデータが含まれたり、予期せぬ挙動を見逃すことがあります。開発のループの中にどこで人間が介在し、精度の高い、予測可能なモデルを開発するのかを意識しましょう。

　データの入手では、ソーシングパートナーの選択もひとつの有効な考え方です。現在では多くのトレーニングデータに関連したサービスパートナーや、オフショア開発なども可能になっています。こうしたリソースを有効に活用することも考慮に入れ、データ入手を限られた時間内で実現していきましょう。

　データの質を高めるためには、有効なアノテーションプラットフォームの選択も大切な要素のひとつです。オープンソースで無料にて利用できるプラットフォームを有効活用することもあります。セキュリティ面や機能面、扱うデータの種類やボリュームなどに合わせて、最適なアノテーションプラットフォームを利用し、効率的にアノテーション作業や品質チェックしましょう。

　最後にAIモデル開発は、ライフサイクルのループです。一度でデータを集め、モデルを開発、分析、精度を確認したら終了ではありません。多くのモデル開発の場合、ユースケースに合わせて、継続的な学習により精度を高め、対応するデータのドメインや方言などに対して対応していくことも重要です。こうしたライフサイクルのループを念頭に置いた、トレーニングデータの準備・活用・分析・展開を計画的に実施することで、開発の成功の確率は飛躍的に伸びていくことでしょう。

おわりに

　今回、オーム社殿から本書の執筆依頼をいただき、業務上さまざまなドキュメントや記事などの文章を書くことはあっても、書籍を執筆するのは初めてでした。筆者は学生時代、大阪の大学に通学していたことでもあり、約3年間ほど、関西地区に展開する田村書店という書店チェーン店でバイトしていました。それなので書籍というものや出版業界や取次業、書店業界などには結構思い入れがあり、この20〜30年間での書籍をめぐる移り変わりもいろいろな思いで見守ってきていました。

　自分も、昔に比べると紙の書籍を買い求める機会は少し減ったものの、紙媒体の書籍で手にしたいもの、電子書籍で保存したいものなどを目的によって使い分けています。

　そんな中、機械学習のトレーニングデータに関する本を書くという、あまり想定していなかった機会に恵まれました。いろいろな下調べをしたり、参考文献を読んだり、ネット上のコンテンツやYouTubeなどの動画コンテンツを見ると、いろいろな新しい発見もあります。

　当初は書籍だと重版とかない限り初期の情報がそのまま残り、時間の経過とともに陳腐化していったり、凄まじいスピードで進化していくAIに関する書籍で、どのように価値を作るべきなのかは少し悩みました。

　動画やWeb上のコンテンツについて、検索したりいろいろ調べるうちにわかったこともあります。それは結構ジャンルや領域が限定的で、機械学習やディープラーニング、AI全般やトレーニングデータに関して探したり調べたりすると、すごく断片的な情報になっているのです。初心者向け、中、上級者向けなどが入り混じり記載された時期などもさまざまであるため、読み解く力や労力も必要なのだなと感じます。

　その点書籍の場合は一冊の中でトレーニングデータそのものについてや、それを取り巻く必要な情報、さまざまなユースケースなどをコンパクトにまとめて、

網羅的な情報にできるのだと感じられました。

　普段文章を書くことが日常の業務や習慣でもないため、本書の読者の方々が、読みやすく、理解しやすい内容になっているのかは少々不安でしたが、ここまでお読みいただき感謝申し上げます。

　本書により読者の皆様の日常の業務やAIに関する理解を深めるきっかけになったり、新たな気づきを持てるきっかけになるのであれば、幸いです。

　そして、本書を仕上げるにあたり友人の方から写真をご提供いただきました。今回の表紙や挿絵を描いていただいた、さかもとこのみさん（twitterアカウントは@konomiracle_）のご協力により、見た目にも素敵なものになりました。

　この書籍の執筆時点で筆者は、アッペンジャパン株式会社の日本代表を務めています。AIライフサイクルにおけるトレーニングデータ全般に関わるサービス、データアノテーションプラットフォームのビジネスを展開しております。

　ご不明な点やご意見、お問い合わせなどございましたら、以下の連絡先までご一報いただければ幸いです（執筆時点）。

Linked In : www.linkedin.com/in/tetsuro-yoshizaki-6270b725

Email : tyoshizaki@appen.com

　これからも、このトレーニングデータという分野を通じ、皆様とAIに関する活用と発展に取り組んでいきたいと思います。

2023年4月

吉崎　哲郎

参考文献やコンテンツ

- AI研 三谷大暁氏のWebサイト，https://ai-kenkyujo.com/author/ai_writer/
- 梅田弘之著，エンジニアなら知っておきたいAIのキホン 機械学習・統計学・アルゴリズムをやさしく解説，インプレス，2019
- AIcia Solid Project（YouTubeのVTuberコンテンツ），https://www.youtube.com/@AIcia_Solid
- 自動運転ラボ，https://jidounten-lab.com/
- AISmiley，https://aismiley.co.jp/
- AINow，https://ainow.ai/
- Adobe Stock：図2-4，図2-5，図2-6，図2-7，図3-1，図3-15，図3-16，図3-17，図3-18，図4-1，図4-2，図4-5，図5-1，図5-2，図5-3

〈著者略歴〉

吉崎 哲郎（よしざきてつろう）

1968年（昭和43年）11月23日生まれ。
東京都渋谷区出身。1992年（平成4年）
大阪外国語大学卒業後、メンター・グラ
フィックス・ジャパン株式会社、日本ケ
イデンス・デザイン・システムズにて
19年間に渡り、半導体の設計向けソリュー
ションに携わる。その後オートデスク株
式会社、PTCジャパン株式会社にて10
年間製造業向け設計、エンジニアリング
ソリューションやゲーム、映像ソリュー
ションのビジネスに従事する。現在は
アッペンジャパン株式会社の日本代表を
務め、AIモデル開発向けデータライフ
サイクルを推進。

- **イラスト：さかもとこのみ**

- **本書の内容に関する質問は、オーム社ホームページの「サポート」から、「お問合せ」の「書籍に関するお問合せ」をご参照いただくか、または書状にてオーム社編集局宛にお願いします。お受けできる質問は本書で紹介した内容に限らせていただきます。なお、電話での質問にはお答えできませんので、あらかじめご了承ください。**
- 万一、落丁・乱丁の場合は、送料当社負担でお取替えいたします。当社販売課宛にお送りください。
- 本書の一部の複写複製を希望される場合は、本書扉裏を参照してください。
JCOPY＜出版者著作権管理機構 委託出版物＞

機械学習トレーニングデータがわかる本

2023年7月1日　　第1版第1刷発行

著　　者　吉崎哲郎
発行者　村上和夫
発行所　株式会社 オーム社
　　　　　郵便番号　101-8460
　　　　　東京都千代田区神田錦町3-1
　　　　　電話　03(3233)0641(代表)
　　　　　URL https://www.ohmsha.co.jp/

© 吉崎哲郎 2023

組版　明昌堂　　印刷・製本　音羽印刷
ISBN978-4-274-23044-8　Printed in Japan

本書の感想募集 https://www.ohmsha.co.jp/kansou/
本書をお読みになった感想を上記サイトまでお寄せください。
お寄せいただいた方には、抽選でプレゼントを差し上げます。